D1678366

Germa Weber

Die moderne Physik beweist, was Mystiker schon immer wußten, die Welt ist beseelt

TAO Verlag Hameln
ISBN 3-9800804-1-2

Erste Auflage 1995

TAO Verlag Hameln

Gesamtherstellung CW Niemeyer, Hameln

Inhaltsverzeichnis

Mystik
Selbsterfahrung oder Humbug?

Seitdem sich in der Naturwissenschaft mehr und mehr die Auffassung durchsetzt, daß unsere Welt in ihren Grundlagen nicht aus einer toten Materiesubstanz bestehen kann, daß der atomare Bereich der Natur möglicherweise beseelt, vielleicht sogar freiheitlicher Entscheidungen fähig ist, geraten nicht nur die Aussagen einiger christlicher Mystiker wieder ins Blickfeld, auch die auf dem Versenkungserlebnis beruhenden Erkenntnisse der buddhistischen Philosophen erlangen eine neue, ungeahnte Aktualität. Ihre Aussagen über den beseelten Urgrund aller Dinge, über die Zustandsformen der Zeit und der Zeitlosigkeit gewinnen angesichts der neuesten Forschungsergebnisse in der Naturwissenschaft zunehmend an Bedeutung, denn die ganz allgemein als Mystiker bezeichneten Philosophen in Ost und West scheinen über die 4dimensionale Raum-Zeit-Welt, in der wir leben, Erkenntnisse gehabt zu haben, an die sich die moderne Physik derzeit noch mühsam heranzutasten versucht.
Dabei steht eines fest: Die Mystiker haben ihre Erkenntnisse nicht – wie die Naturwissenschaften – durch das *Messen* von Vorgängen und Tatbeständen erlangt, die unserer räumlich ausgerichteten Wahrnehmung zugänglich sind. Sie müssen einen anderen Weg gefunden haben, der Natur auf den Grund zu kommen. Welche Quelle der Erfahrung sie entdeckt und genutzt haben, läßt sich in unserem Zeitalter, im Zeitalter des Aufbruchs zu einem neuen, 4dimensionalen Weltbild, leicht bestimmen, da die Quelle ihrer Erkenntnis rein geometrisch ableitbar ist. Schließlich haben uns die Mystiker nicht im unklaren darüber gelassen, in welcher geometrischen Richtung sie ihre Wahrnehmung gemacht haben, denn ihren Berichten ist fast ausnahmslos zu entnehmen, daß sie nach *innen* geschaut haben. Und wenn wir ihren „Blick nach innen" einmal ganz unkonventionell nach rein geome-

trischen Gesichtspunkten beurteilen, dann wird folgendes klar: Sie haben nicht nach vorne oder hinten, nicht nach rechts oder links, nicht nach oben oder unten und also nicht in die 3 räumlichen Richtungen der Dimensionen Länge, Breite und Höhe geschaut, sondern haben – wie sie allgemein berichten – ihre Blicke von der räumlichen Umwelt abgezogen, um in eine andere, in eine *nicht-räumliche* Richtung zu schauen. Ihr Bemühen um Welt- und Selbsterkenntnis läßt sich also dahingehend präzisieren: Sie haben ihr Augenmerk nicht wie wir das ständig und ausnahmslos tun auf die räumliche Umwelt und also auf die äußere Wirklichkeit der Dinge gerichtet; sie haben die innere Wirklichkeit der Dinge erfassen wollen und deshalb nach innen, nämlich in die eigene Projektion geschaut. In der Projektion aller 3 räumlichen Dimensionen aber liegt die 4., die Zeit-Dimension, und eben das läßt sich logisch bzw. rein geometrisch ableiten. Deshalb dürfen wir mit einiger Sicherheit annehmen, daß die Mystiker eine Erfahrung in der Zeit-Dimension gemacht haben; das jedenfalls gilt für all jene, die tatsächlich nach innen geschaut und in der eigenen Projektion etwas über die Zustandsformen der Zeit und der Zeitlosigkeit erfahren haben. Und weil die Zeit geometrisch eine nicht-räumliche Größe sein muß, die in der Projektion und also im tiefsten Innern aller räumlichen Erscheinungsformen liegt, kann sie nicht räumlich und folglich nicht von außen wahrgenommen werden. Das wiederum heißt: Wer etwas über die Zeit – oder richtiger – über seine Zeit wissen will, der muß in sich selbst das geheime Pförtlein finden, das ihm den Blick in die eigene Projektion ermöglicht. Und was er hier erfährt, das wird zwingend nicht mit dem zu vergleichen sein, was er bis dahin rein räumlich, nämlich nach außen gerichtet, erfahren hat. Folgerichtig sollten wir uns darauf gefaßt machen, daß den Aussagen der Mystiker in der jetzt endlich als 4dimensional erkannten Raum-Zeit-Welt wohl doch eine größere Bedeutung innerhalb der Philosophie zukommt, als das – gestützt auf die bisher gültige, 3dimensionale Weltanschauung – den Anschein hatte.

Daß in der Projektion bzw. im Innern aller räumlichen Erscheinungsformen die Zeit eine physikalisch wirksame Größe sein soll, mag dem Leser zunächst sehr unplausibel erscheinen. Zumal der Gedanke, die Dimension Zeit könnte eine irgendwie physikalisch oder biologisch geartete Realität haben, einem 3dimensional denkenden Wesen – und eben das ist der Mensch bis dato – ziemlich abwegig erscheinen muß. Vielleicht aber gelingt es uns auf Anhieb, in der Zeit mehr als eine fiktive Dimension zu sehen, wenn wir folgendes bedenken: Was die Forschungsergebnisse der Biologie betrifft, so ist heute allgemein bekannt, daß jedes Lebewesen – ob Pflanze, Tier oder Mensch – den Verlauf der gesamten Entwicklungsgeschichte vom Einzeller bis zum kompliziertesten Lebewesen in seiner vorgeburtlichen Phase nachvollzieht. Jedes Lebewesen erhält nämlich mit seinen Erbanlagen ein vollständiges Gedächtnis aller Entwicklungsfortschritte in der Zeit, die es unterbewußt zu seiner eigenen Entwicklung nutzt bzw. nachvollzieht. So gesehen befindet sich eine unerhört riesige Zeitspanne, nämlich der Weg vom Anfang aller Dinge in der Zeit bis zum heutigen Tage in unserer *Zeit-Projektion*. Und wenn wir jetzt – gesetzt den Fall – in der Lage wären, unser eigenes Erbanlagen-Gedächtnis zu erforschen, dann würde es uns möglicherweise so ergehen, wie es der Überlieferung nach dem indischen Philosophen Siddharta Gautama (560 – 480 v.Chr.) ergangen sein soll. Von ihm nämlich wird in der Legende berichtet, er habe in sich selbst die eigene, körperliche Vergangenheit erschaut und in seiner Zeit-Projektion eine fast unendlich erscheinende Kette von Lebewesen erkannt. Ob nun erfahrbar oder nicht, eines jedenfalls steht zweifelsfrei fest: Wohin wir auch immer gehen, was immer wir auch tun, wir schleppen unsere ganze körperliche Vergangenheit mit uns herum, und das nicht ewa – wie ein Zentnersack – als eine räumlich körperliche Größe, sondern als eine in unserer Projektion wirksame Zeitgröße.

Das eigentliche Interesse der Mystiker jedoch galt nicht der körperlichen Vergangenheit des Menschen, diese glaubten sie – und das trifft auf die christlichen Mystiker insbesondere zu – aufgrund der überlieferten Religionsgeschichte bereits zu kennen; ihr Interesse galt der Seelenfrage, denn sie haben sich fast ausnahmslos darum bemüht, etwas über ihre geistige Herkunft, über ihre geistige Zukunft zu erfassen. Ihr „Blick nach innen" war also nicht auf die körperliche Vergangenheit, er war auf das geistige Woher und Wohin in der Zeit gerichtet. Und was sie hier in der eigenen Projektion „geschaut" haben, das ist durchaus glaubwürdig, wenngleich ihre Formulierungen nicht „von dieser Welt" sind. Was wiederum einen sehr plausiblen Grund hat. Gehen wir nämlich davon aus, daß Mystiker ihre Erfahrung in der 4. Richtung der Welt, in der Zeit-Dimension gemacht haben, dann ist es gar nicht verwunderlich, daß sie Begriffe geprägt und benutzt haben, die mit den Begriffen unserer räumlich-körperlichen Erfahrungswelt nicht das geringste gemein haben. Denn: Was nicht räumlich ist, was also nicht im Raume, sondern in der Zeit-Dimension geschieht, das kann nun mal nicht räumlich veranschaulicht, nicht körperlich erklärt werden. So gesehen boten die von der Empirik, resp. von der Naturwissenschaft verwendeten Begriffe den Mystikern zu keiner Zeit eine Chance, das in der eigenen Projektion bzw. in der Zeit-Dimension Erfahrene verständlich zu machen, denn die Begriffe der Empirik waren und sind bis heute allein aus der räumlichen Erfahrung abgeleitet und deshalb ebenso einseitig 3dimensional, wie die zur Stützung des 3dimensionalen Weltbildes erfundenen, toten Materieteilchen. Bedenken wir darüber hinaus, daß die Naturwissenschaft bis zu Anfang unseres Jahrhunderts der Zeit keinerlei reale Bedeutung beigemessen hat, sondern sie im Gegenteil als eine irreale, rein fiktive Dimension betrachtet hat, dann wird klar, welche Schwierigkeiten die Mystiker in der Vergangenheit hatten, die Vorurteile der Empirik zu überwinden. Heute ist die Naturwissenschaft zwar davon überzeugt, daß die Zeit in irgendeiner Weise physikalisch wirklich, physikalisch wirksam ist – die Tatbestände, die zur Aufstellung der Quantentheorie und zur speziellen Relativitätstheorie geführt haben, lassen keine andere Deutung zu –, da die Naturwissenschaft aber eine allein an der räumlichen Erfahrung orientierte Wissenschaft ist, hat *sie* jetzt einige Schwierigkeiten, die Vorgänge in der Zeit-Dimension zu erfassen. Und so hält sie die in der Projektion aller Dinge stattfindenden Zeitvorgänge – weil sie nicht räumlich, nicht 3dimensional anschaulich sind – kurzerhand für unanschaulich. Gewiß, die in der Zeit-Dimension erfolgenden Naturprozesse kann man nicht mit den Begriffen aus der täglichen Erfahrung und also nicht räumlich-körperlich verständlich machen, das aber bedeutet keineswegs, daß sie unanschaulich sind; sie sind nur anders anschaulich, als die im Raume wahrgenommenen Dinge und Vorgänge. Mit unseren 5 Sinnen nehmen wir ja nur das äußere, das räumliche Erscheinungsbild der Dinge wahr, ihr innerer Beweggrund bleibt uns verborgen. Selbst wenn wir unsere nach außen gerichteten Bemühungen verstärken, um mit immer besseren, immer genaueren Meßmethoden der Natur ihr Geheimnis zu entreißen, es wird uns nicht gelingen. Die Zeit ist keine räumliche Dimension, sie befindet sich nicht im Raum und kann daher auch nicht im Raum gemessen werden. Jeder Versuch, sie messend festzustellen, ist daher von vorne herein zum Scheitern verurteilt, denn das wäre etwa so, als wollte man an der Oberfläche eines Körpers etwas messen, das gar nicht in der Oberfläche, sondern im Innern, in der Tiefe des Körpers und also in der Projektion der Oberfläche vor sich geht. Es besteht also gar keine Chance, von außen an die Vorgänge in der Zeit-Dimension heranzukommen. Das wiederum macht verständlich, warum die Empirik bis fast in unser Jahrhundert hinein der Zeit keinerlei Realität beigemessen hat.

Wenn wir wissen, daß die Vorgänge in der Zeit-Dimension von außen nicht zu ergründen sind, dann heißt das keineswegs, daß diese Vorgänge ein unlösbares Geheimnis für uns bleiben müssen. Schließlich ist die Zeit ja nicht nur in der Projektion der Dinge wirklich, die wir außerhalb unserer selbst wahrnehmen, sie ist ja auch in unserer eigenen Projektion und also in uns selber wirklich. Wir sind nun mal kein vom Zufall zusammengefügtes Häuflein toter Materie, wie das von jenen stets behauptet wurde, die der Zeit keinerlei Realität beigemessen haben, weil sie ihre räumlich gewonnenen Kenntnisse schon für tiefgreifende Naturerkenntnisse hielten. Wir sind Lebewesen und d.h. wir sind Wesen, die in der Zeit-Dimension existieren, die in der Zeit-Dimension veränderlich sind, die in der Zeit-Dimension dem Prozeß des Entstehens und Vergehens unterworfen sind. Wenn es also eine Chance gibt, das Geheimnis der Zeit zu lüften, dann kann sie nur darin bestehen, daß wir uns selbst erforschen, daß wir nach innen, und das wiederum heißt, in die eigene Projektion schauen. Wer sagt uns denn, daß unser Gehirn so einseitig fixiert ist, daß wir mit seinen Sinneszentren nur wahrnehmen können, was aus der Umwelt an sie herangetragen wird? Es ist zwar im allgemeinen so, daß die Menschen die Fähigkeiten ihrer Sinne bzw. die Möglichkeiten ihres Bewußtseins ein Leben lang nur eingleisig, nur nach außen gerichtet nutzen, sie nur in Anspruch nehmen, um sich in der Umwelt zu orientieren, sich ihr anzupassen und sich darin zu behaupten; aber aus dieser einseitigen Inanspruchnahme unserer Sinneszentren können wir doch nicht schließen, daß sie zu mehr nicht nutze oder in der Lage sind. Den Preis für die einseitige Inanspruchnahme unseres Bewußtseins werden wir spätestens dann zu zahlen haben, wenn uns die Zeitlichkeit der eigenen Existenz unübersehbar bewußt wird, nämlich dann, wenn uns der Tod ereilt, weil wir spätestens an der Schwelle des Todes erkennen, daß wir nichts, aber auch gar nichts wissen über das Woher und Wohin in der Zeit und also auch nicht wissen, ob wir beseelte oder unbeseelte Wesen sind bzw. was uns nach dem Tode erwartet.

Die Mystiker jedenfalls scheinen über das Woher und Wohin in der Zeit mehr gewußt zu haben, als unser räumlich ausgerichtetes Vorstellungsvermögen zu fassen vermag. Ihre Schwierigkeiten jedoch lagen darin, das in der eigenen Projektion Erschaute ihren Mitmenschen verständlich zu machen, denn die Vorgänge in der Zeit-Dimension verlaufen-

anders, als die Vorgänge in den 3 räumlichen Dimensionen und sind – da es sich nicht um räumliche Vorgänge handelt – auch anderen logischen Gesetzen unterworfen als die, die wir aus der räumlich-körperlichen Erfahrung abgeleitet haben. Aus diesem Grunde sind die 3dimensionalen Körpervorstellungen prinzipiell nicht darauf anwendbar, noch sind die aus der räumlichen Verhaltensweise der Körper gewonnenen Begriffe der Teilung und Summierung, der Bewegung und Übertragung darauf anwendbar. Folglich verwendeten und prägten die Mystiker Begriffe, die nicht von dieser Welt waren, die also nicht dem entsprachen, was man allgemein unter Empirik versteht, denn ihre Empirik, ihre Erfahrung war ja eine Zeit-Erfahrung. Und da die Zeit nicht für jedermann erfahrbar ist – auch hier haben die Götter vor den Preis eine Bedingung gesetzt, die zu erfüllen nur wenige Menschen bereit oder in der Lage sind, nämlich die geistige Aufgabe bzw. Inanspruchnahme des eigenen Ichs, denn wer die Wahrheit über seine Existenz in der Zeit erfahren will, der muß genau das ins Geschäft stecken, was er in der Zeit gewonnen hat, das eigene Ich bzw. seine eigene zeitliche Qualität, seine eigene in der Zeit entwickelte Persönlichkeit, und eben das zu tun ist nicht ganz so einfach –, begegnete man den Mystikern im europäischen Kulturbereich stets mit großem Mißtrauen, da man sich nie ganz sicher war, sind sie nun verrückt oder sind sie es nicht. Ein Ausspruch des griechischen Philosophen Plotin (204-270 n. Chr.), der von 244 bis kurz vor seinem Tod in Rom lebte und lehrte, macht auf eindrucksvolle Weise deutlich, wie schwierig es für die Mystiker war, bei ihren Mitmenschen Verständnis für ihre Erfahrung zu wecken und welchen Mißverständnissen bzw. Mißdeutungen sie allzeit ausgesetzt waren:

> „Mystisch heißest du ihnen, weil sie Närrisches
> bei dir denken und ihren unlauteren Wein in
> deinem Namen verschenken.“(1)

Natürlich war Plotin ein Mystiker und – das muß zur Ehrenrettung der Andersdenkenden gesagt werden – nicht ganz

ohne Schuld an den Mißverständnissen, denn er hat, wie einige christliche Mystiker nach ihm auch, viel zuviel religiös erscheinendes Gerede um das in der 4. Richtung Erschaute gemacht. Und eben diese religiöse Schwärmerei hat die christliche Mystik bei all jenen, die gerne sachlich informiert werden wollen, in Verruf gebracht.
Die Mystiker selbst haben es der Mit- und Nachwelt etwas schwer gemacht zwischen der Spreu ihrer religiösen Schwärmerei und dem eigentlichen Kern ihrer Erkenntnisse zu unterscheiden. Wobei allerdings ein Teil ihrer Redelust darauf zurückzuführen ist, daß sie sich mit dem in der Versenkung Erfahrenen immer wieder neu beschäftigt, immer wieder neu auseinandergesetzt haben, um mit immer besseren, immer treffenderen Ausdrücken das nicht körperlich Ausdrückbare doch irgendwie verständlich zu machen. Keineswegs jedoch hat Mystik etwas mit Aussichheraustreten, mit Trance, mit Ekstase oder mit religiöser Verzückung zu tun, wie das die religiöse Schwärmerei mancher Mystiker vermuten läßt. Auf die ernstzunehmende Mystik jedenfalls treffen dergleichen Aussagen nicht zu, wenngleich die Zeiterfahrung als solche für den Mystiker bzw für jeden, der sie macht, von so ungeheurer Intensität, von so ungeheurer Tragweite ist, daß jeder – ob Christ, Buddhist, Moslem oder Atheist – angesichts dieser letzten und endgültigen Erkenntnis leicht ins Jubeln, leicht in Verzückung geraten kann. Wobei jedoch gesagt werden muß, daß der religiöse Enthusiasmus in der christlichen Mystik im wesentlichen darauf beruht, daß die Mystiker der festen Überzeugung waren, in der Versenkung Gott geschaut, ja sogar sich mit ihm vereint zu haben. Diese, etwas anspruchsvolle Annahme wird durchaus verständlich, wenn wir bedenken, daß die christlichen Mystiker bei den Bemühungen, ihr Erlebnis zu artikulieren, auf Begriffe und Vorstellungen zurückgegriffen haben, die sie in ihrem Weltbild bzw. in ihrer Religion vorfanden. In Ermangelung anderer, den Vorgängen gerechter werdenden Ausdrucksformen haben sie ihre Zeiterfahrung mit ihrer Weltanschauung verknüpft bzw. sie in ihre religiöse Vorstel-

lungswelt eingeordnet. Und da sie ein Weltbild vorfanden, in dem der zeitlose Urgrund aller Dinge ein Gott war, der selber zeitlos die zeitliche Welt in einem Schöpfungsakt hervorgebracht hatte, hielten sie ihre in der Zeit-Dimension erlangte Kenntnis des zeitlosen Urgrundes allen Seins für eine Gotteserkenntnis. Folglich waren sie fest davon überzeugt, bei ihrer nach innen gerichteten Erfahrung Gott erfahren, Gott geschaut zu haben. Während die östlichen Mystiker etwas weniger enthusiastisch davon sprechen, in der Endstufe der Versenkung den eigenen zeitlosen Ursprung erkannt und sich eins gefühlt zu haben mit dem zeitlosen Ursprung aller Dinge – den sie als das Qualitätslose, das Niveaulose, als das Nichts bezeichnen –, glaubten die christlichen Mystiker fest daran, daß ihre Einswerdung mit dem niveaulosen Urgrund eine Vereinigung mit Gott gewesen sei. Kein Wunder also, daß ihre Aussagen zumeist auf Mißtrauen und nur bei einigen wenigen auf Verständnis stießen.
Es ist also gar nicht so einfach, für die in der Zeit-Dimension stattfindenden Vorgänge das richtige Vokabular zu finden. Die einseitig räumlich orientierte Empirik jedenfalls bietet keine verwendbaren Begriffe, kein entsprechendes Vokabular. Wie sollte sie auch? Sie hat ja der Zeit bis in unser Jahrhundert hinein keine physikalische, keine existentielle Realität beigemessen, da sie bis zur Entdeckung der Planckschen Konstante in der Zeit-Dimension nichts weiter sah, als eine irreale Strecke, als eine Fiktion. Folglich waren die Mystiker in der Vergangenheit bei ihren Bemühungen, das in der Zeit-Richtung Erfahrene ihrer Mitwelt begreiflich zu machen, auf ihr eigenes Repertoire bzw. auf das angewiesen, was sie an verwendbaren Begriffen in der Philosophie oder in den Religionen vorfanden. Das erklärt auch, warum die Aussagen der Mystiker im Kern sehr ähnlich, in den sprachlichen Ausdrucksformen aber recht unterschiedlich sind. Was die Wort- bzw. Begriffswahl nun insbesondere betrifft, so ist es auch heute für jemanden, der die Vorgänge in der Zeit-Dimension aus Erfahrung kennt, außerordentlich schwierig, diese Vorgänge mit Begriffen aus der Naturwis-

senschaft zu beschreiben oder zu erklären. Die moderne Physik hat zwar erkannt, daß die Zeit in irgendeiner Weise real, in irgendeiner Weise physikalisch wirksam ist, und die von ihr in diesem Zusammenhang verwendeten Begriffe wie Diskontinuität und Relativität sind durchaus akzeptabel, da aber die Ursachen dieser Tatbestände für die Physik heute noch im dunkeln liegen – ihre 3dimensional-korpuskular konzipierten Theorien verschleiern sie mehr, als sie aufzudecken –, sind auch diese Begriffe für den Mystiker kaum bzw. nur unter Vorbehalt zu verwenden. Mit anderen Worten: Da die Naturwissenschaft bis zum heutigen Tage noch nicht erfaßt hat, WIE die Zeit wirksam ist bzw. WIE die Veränderungen in der Zeit-Dimension vor sich gehen – und eben das ist nur in der Projektion aller räumlichen Richtungen erfahrbar –, hat sie derzeit auch noch keine besonderen Kenntnisse oder Erkenntnisse über Zeitprozesse und daher auch noch kein entsprechendes Begriffsrepertoire. Wie eh und je steht also auch heute der Mystiker – wenn er seine in der Zeit-Dimension gewonnenen Erkenntnisse mitteilen will – vor dem Problem der Wort- bzw. Begriffswahl. Ob er sich nun für die Ausdrucksformen der christlichen Philosophie, der buddhistischen oder der chinesischen Philosophie entscheidet, er läuft in jedem Falle Gefahr, das Mißfallen, vielleicht sogar den Spott all derer zu erregen, die ihr 3dimensionales Denkvermögen bzw. die daraus resultierenden Fundamentalaussagen der Empirik für allumfassend halten.
Nichtsdestotrotz möchte ich mit dieser Schrift den Versuch unternehmen, die Mystik aus dem Dunkel herauszuholen, in das sie durch Unwissen und Fehlinterpretationen geraten ist. Dies mag mir vielleicht insofern gelingen, als ich die Absicht habe, den Leser genauestens darüber zu informieren, was Versenkung tatsächlich ist, wie man sie erreicht und was man bei dieser Schau nach innen wirklich – nämlich ohne jede religiöse Zutat – erfährt. Auf einen Tatbestand jedoch möchte ich bereits an dieser Stelle nachdrücklich hinweisen: Die Schau nach innen setzt keine Askese oder Selbstkasteiung voraus, wie das in manchen Schriften über Mystik zu lesen

ist. Dergleichen Übungen sind sicherlich kein Hindernis, aber keineswegs notwendig. Die wichtigste und – meiner Ansicht nach – unbedingt erforderliche Voraussetzung zur Versenkung ist die Fähigkeit eines Menschen, durch Meditation – und d.h. durch äußerst intensives Nachdenken über irgendwelche Zusammenhänge – eine ungeheuer starke geistige Konzentration zu erreichen. Da der letzte, der entscheidende Schritt jedoch ein Schritt ist, der gegen die Hemmschwelle des eigenen Lebenswillens vollzogen werden muß, ist er fast immer eine Art Verzweiflungstat, nämlich ein letzter, verzweifelter Schritt, der aus Enttäuschung darüber unternommen wird, daß alle anderen Bemühungen, zu einer allgemein gültigen Seins- und Welterkenntnis zu kommen, erfolglos geblieben sind. Ist man sich erst einmal darüber klar geworden, daß die Wahrheit über das Woher und Wohin aller Dinge – die man in den Aussagen und Schriften der Philosophen und Naturwissenschaftler vergeblich zu finden gehofft hatte – möglicherweise durch einen Blick in die eigene Projektion, gewissermaßen im Selbstversuch herausgefunden werden könnte, dann erscheint einem dieser, gegen den eigenen Lebenswillen gerichtete Schritt nach innen plötzlich als der einzige, noch gangbare Ausweg, der Natur das Geheimnis ihres Seins irgendwie doch noch zu entreißen. Und dieser alles entscheidende Schritt wurde von mir auch erst dann vollzogen, als ich erkannte, daß mein Denk- und Begriffsrepertoire ein rein 3dimensionales, ein ausschließlich quantitativ fixiertes ist und folglich nicht ausreichend sein kann, eine 4dimensional-qualitativ wirkliche Raum-Zeit-Welt durch Nachdenken – was in diesem Falle ja doch bedeutet hätte – durch reine Vernunft zu erfassen, denn reine Vernunft – das wissen wir seit Immanuel Kants Vernunftskritik – ist ein gänzlich unzureichendes Mittel, die Natur zu ergründen.

Der Weg nach innen wird also erst beschritten, wenn alle anderen, nach außen gerichteten Bemühungen um Welterkenntnis keine befriedigenden Antworten erbracht haben. In ganz besonderem Maße enttäuscht war ich, als ich bei meinen Bemühungen, unter den Weltbildern der Natur- und Geisteswissenschaft das richtige herauszufinden, feststellen mußte, daß das Weltbild der Physik in seinen bis dato noch rein 3dimensionalen Grundlagen auf Deduktivschlüssen beruht. Aber nicht nur die deduktiv gefolgerten Aussagen der Physik über die Fundamente der Natur erwiesen sich als äußerst unbefriedigend, auch die von den Philosophen angebotenen Weltbilder erschienen mir – ganz allgemein gesehen – wenig überzeugend, da sie auf die Frage nach dem Woher und Wohin aller Dinge eine Vielzahl sich widersprechender Antworten anzubieten hatten. Wie grundverschieden ihre Aussagen über die Natur und ihre geistige Herkunft waren bzw. heute noch sind, möchte ich in der nun folgenden, bitterbösen Satire deutlich machen.

Satire über das Weltbild der Philosophen „Frei nach weisen Männern"

Als Gott sich vor vielen Jahrmilliarden vornahm, die Welt zu schaffen und – das göttliche Haupt auf die noch untätigen Hände gestützt – eine Weile darüber nachsann, wie er die Welt wohl erschaffen sollte, da traten die Geister der späteren Weisen an ihn heran, um ihm ihre Ideen und Meinungen vorzutragen.
Der große Philosoph und Mathematiker Leibniz begann die Debatte mit dem besten aller denkbaren Vorschläge, denn er schlug vor: „Herr, mache die vollkommenste aller denkbaren Welten." Mit einer von Anfang an vollkommenen Welt aber waren etliche Naturwissenschaftler nicht einverstanden und sie wendeten ein: „Herr, wenn die Welt schon von Anbeginn vollkommen ist, dann können wir sie ja nicht mehr mit den Errungenschaften unserer Wissenschaft vervollkommnen." „Und die vollkommenste aller denkbaren Vernichtungswaffen, die Atombombe erschaffen", giftete Rousseau sie an, der von den Bemühungen der Wissenschaft, die Natur zu verbessern, absolut nichts hielt, und zu Gott gewandt rief er aus: „Allmächtiger, befreie uns von den Segnungen dieser Leute. Sie halten ihre Wissenschaft für einen Weg des Fortschritts, dabei ist sie nur ein Weg in den Zerfall."
Um der Debatte, die ins Emotionelle abzugleiten drohte, schnell eine geistvolle Wendung zu geben, schlug Blaise Pascal vor: „Mache die Welt nicht in allem, mache sie nur geometrisch vollkommen, Herr." Als einige weise Griechen bei dem Gedanken an eine vollkommene Geometrie der Welt zustimmend nickten, fuhr er fort: „Herr, richte es so ein, daß die Wirklichkeit eine Kugel ist, deren Mittelpunkt überall und deren Umfang nirgends liegt." „Ja, Herr, mache sie so", bat Albert Einstein, der sich auf abstrakte Geometrie verstand. „Du wirst sie doch nicht so abstrakt machen, daß nur

die Mystiker deine Welt verstehen, Herr? Uns allein, den Geisteswissenschaftlern, kommt es zu, die Welt zu erfassen und deine Werke zu kommentieren“, warfen einige Philosophen ein. Auf diese deutend bemerkte Heraklit: „Verschwende deinen Logos nicht an jene, Herr. Sie werden ihn nur in Vielwisserei verzetteln. Dich und deine Werke werden sie erforschen wollen und darüber versäumen, sich selbst zu erforschen. Und nicht vollkommen, Herr, unbeständig sollte deine Welt sein, ein ewiger Wechsel von Werden und Vergehen.“
Jetzt trat der chinesische Philosoph Lao-Tse hinzu und bat: „Herr, mache nicht alles unbeständig in der Welt. Schaffe auch etwas Beständiges, etwas, das den Wechsel in der Zeit bewirkt, ohne der Zeit selbst unterworfen zu sein. Ich werde es den Urgrund allen Seins, ich werde es Tao nennen“, und er fügte hinzu: „Wenn du die Welt von Anbeginn an bescheiden und ohne Hoffart schaffst, dann sparst du mir die Mühe, ihr später Einfachheit und Genügsamkeit zu predigen.“ An dieser Stelle erhielt er aus der französischen Ecke frenetischen Beifall, denn der Verächter von Kunst und Wissenschaft, Jean-Jacques Rousseau, fand die Idee eines einfachen und natürlichen Lebens ausnehmend gut. „Ich bitte dich, Herr“, unterbrach Kung-fu-Tse den auf einige Öko-Idealisten übergreifenden Beifall etwas ungehalten: „Schaffe bitte keine einfache, keine einfältige Welt. Sie wird kein Verständnis für feine Sitten und feierliche Rituale haben. Mir ist ja ganz gleich, wie du sie schaffst, deine Welt, aber schaffe sie so, daß ich zu meiner Zeit Gelegenheit habe, entsprechende Umgangsformen und ein schönes Zeremoniell einzuführen.“
„Mir ist nicht gleich, wie du sie schaffst, deine Welt“, ließ sich jetzt Buddha Gautama vernehmen: „Lasse dir beim Schaffen viel, viel Zeit, so ein paar Milliarden Jahre oder mehr, damit sich unter deiner Obhut alles schön entwickeln und vervollkommnen kann.“ „Nein, Herr“, fiel dem Buddha jetzt ein jüdischer Prophet ins Wort: „Laß dir nicht viel Zeit zum Schaffen. Du solltest die Welt in sechs Tagen fertigstel-

len. Man könnte ja an deiner Allmacht zweifeln, wenn du dir allzuviel Zeit läßt."
„Streitet nicht über die Zeit", griff nun Albert Einstein in die Debatte ein: „Ob Tage oder Jahrmilliarden, das kommt allein auf den Standort an. Ich werde dereinst sowieso beweisen, daß die Zeit relativ ist." „Wahrlich, wahrlich, mache die Zeit nicht zu relativ", bat jetzt Jesus von Nazareth seinen göttlichen Vater: „Sonst verpasse ich am Ende noch die Zeitenwende und die Schar der ewig Verdammten wird zu groß, wenn ich die Menschen zu spät von der Erbsünde erlöse." Da murrten die Heiden und Sokrates räsonierte: „Schaff mir keine Erbsünde an den Hals, Zeus! Die habe ich gar nicht im Konzept. Ich werde von der Tugend und nicht von einer erblichen Sünde sprechen." „Wie kannst du von der Tugend sprechen, Sokrates, wenn die Welt nicht sündhaft ist", warf da der Zaratustra-Fan, Nietzsche, ein, und er fügte hinzu: „Herr, mache die Welt dionysisch!" „Nein, Herr, mache die Welt sündhaft", widersprachen die jüdischen Propheten. Und Moses meinte: „Eine richtige Welt hat auch einen richtigen Sündenfall." Das war Musik in den Ohren der Kirchenväter des Christentums, und sie ergänzten das Gesagte mit den Worten: „Gäb' es den Sündenfall nicht, wir kämen mit leeren Händen in die Welt. Haben wir doch das allein seligmachende Mittel, davon zu befreien. Und damit wir über viele tausend Jahre hinweg unsere seligmachende Tätigkeit ausüben können, muß dieser Sündenfall – das versteht sich doch – erblich sein."
„Nein, unser sind die allein seligmachenden Mittel und unser ist der allein seligmachende Glaube", entrüsteten sich die Muselmänner. Die Buddhisten lächelten ob des Streites über den allein seligmachenden Glauben und erwähnten beiläufig: „Unser Glaube ist nicht allein seligmachend, aber er ist gewiß seligmachend." Und Epikur riet: „Herr, damit es des allein seligmachenden Glaubens nicht bedarf, schaffe doch von Anbeginn eine selige Welt, eine Welt ohne Furcht und ohne Sünde, eine fröhliche Welt, in der es sich zu leben lohnt." „Nein, Herr", wendeten hier einige christliche Phi-

losophen ein: „Mache eine Welt, in der es sich vor allem zu sterben lohnt.“ Und Juden, Christen und Muselmänner vereinigten sich in dem Rufe: „Ja, Herr, gib den Menschen eine unsterbliche Seele, die nach dem Tode des Leibes an deiner Seligkeit teil hat.“ Aber davon, daß nur die Menschen eine Seele bekommen sollten, waren die Buddhisten, Taoisten, Lamaisten und auch einige Griechen nicht sehr erbaut und sie warfen ein: „Herr, so ungerecht wirst du doch nicht sein, nur den Menschen eine Seele zu geben. Gib auch den Tieren, den Pflanzen und allem, was da ist, eine Seele.“
„Wozu überhaupt eine Seele?“ entrüstete sich Julien de Lamettrie: „Du wirst chemische Vorgänge in deiner Materie ablaufen lassen, Herr! Menschen, Tiere und Pflanzen werden Mechanismen sein, da bedarf es keiner Seele.“ Und die Materialisten, Darwinisten und noch ein paar andere Isten pflichteten ihm bei. Auch Descartes unterstützte ihn, seine Anschauungen in bezug auf Pflanzen und Tiere teilend. Doch er hielt den Menschen für mehr als ein emporgekommenes Säugetier. Dies Krönlein der Schöpfung ein Maschinchen, das war zu hart! Und er „milderte“ die Behauptungen seines Vorredners mit den Worten: „Die Tiere werden Maschinen sein. Schlägt man sie, so wird ihr Schrei nichts anderes sein, als der Ton einer Orgel, deren Taste man drückt.“ Bei diesen Worten wollten ihm sämtliche Tierfreunde der zukünftigen Welt den Garaus machen, aber er nahm ihrem Unmut die Spitze, indem er erklärte: „Das Tier denkt nicht, darum hat es keine Seele, aber der Mensch denkt, und also hat er eine Seele; so sieht die Sache doch rein philosophisch aus.“
Wenn sie auch in bezug auf Tier und Pflanze feinsinnige Unterscheidungen machten, so fanden die zukünftigen Menschen die Descartsche Aussage „Denken = Seele“ doch sehr einleuchtend, denn sie hielten sich allesamt für Denker und nahmen sich vor, bis ins späte 20. Jahrhundert an der Vorstellung „Denken = Seele“ festzuhalten. Dabei überhörten sie geflissentlich den, der da rief: „Ich werde in meiner Bergpredigt darauf hinweisen, daß den geistig Armen das Him-

melreich gehört." Diesen tröstete ein Spötter sogleich mit der Feststellung: „Wenn Seele = Denken ist, dann läuft *dein* Himmelreich jedenfalls nicht Gefahr, von Menschen übervölkert zu werden."
„Wozu überhaupt ein Himmelreich?", beteiligte sich nun Buddha Gautama an der Unterhaltung: „Das Karma, die guten oder bösen Taten der Lebewesen, werden das Dharma, die Seele des nächsten Lebewesens, zeugen und dem ewigen Wechsel von Entstehen und Vergehen so lange unterworfen sein, bis der Durst nach einem körperlichen Sein, der Wille zum Leben gestillt ist. Dann wird kein Dharma mehr gezeugt und damit verlöscht, was ihr Seele nennt, und es bedarf des Himmelreiches nicht für einen ewig währenden Aufenthalt der Seelen."
Das war ein guter Vorschlag, fanden Pythagoras, Lao-Tse, Schopenhauer und eine Reihe weiterer Philosophen aus Ost und West, und sie wollten ihn gerade Gott unterbreiten, als Dante dazwischen trat und sich – stellvertretend für viele – zum Befürworter einer Einrichtung von Himmel und Hölle machte. „Ich habe da eine Vision", sagte er: „Wie die Hölle, der Läuterungsberg und das Paradies aussehen sollten, und wer sie bevölkert. Alle frommen Christen kommen ins Paradies, alle lauen Christen ins Fegefeuer und alle Heiden in die Hölle." Da schrie Mohammed verzweifelt: „Herr, gestalte Himmel und Hölle nicht nach seiner Vision! Mich gelüstet nicht danach, mir in seiner Hölle das Gekröse zerhacken zu lassen. Seine Teufel sollen mich, deinen größten Propheten, Herr, vom Kinn hinab zerspalten bis zum Furz!"
„Auch wenn wir im ersten Kreis von Dantes Hölle etwas besser wegkommen als Mohammed und uns in ausgesuchter Gesellschaft befinden, so will er doch, daß wir in unstillbarer Sehnsucht leben, hoffnungslos!" empörten sich nun auch Heraklit, Sokrates, Platon und viele Große vor der Zeitenwende. Dergleichen Aussichten entfachten eine Empörungswelle unter den Heiden, und es wäre gewiß zu einer Palastrevolution gekommen – denn die alten Germanen rasselten im Geiste schon mit Schild und Schwert –, hätten nicht He-

soid und Homer und andere beherzte Heiden einen Heidenhimmel und eine Heidenhölle vorgeschlagen. Jetzt beruhigten sich die Gemüter, denn Hades, Orkus und Walhall versprachen doch wesentlich humanere Aufenthaltsorte für gute und böse Seelen zu werden, als Dantes furchtbare Hölle.
Doch die Buddhisten waren auch mit diesen gemilderten göttlichen Belohnungs- und Strafanstalten noch nicht einverstanden und wendeten ein: „Herr, wo ist da Gerechtigkeit, wenn du ein verfehltes, kurzes Leben mit ewig währender Pein und Qual bestrafst, ein kurzes gutes Leben hingegen mit einer ewig andauernden Seligkeit belohnst? Wenn du den Strafvollzug im Sinne Buddhas regelst, dann ist jedes Leben Strafe und Belohnung des vorhergegangenen, und ein verfehltes Leben kann im nächsten gesühnt und gebessert werden. Das finden wir gerecht und auch rationell, denn du ersparst dir die Arbeit, Himmel und Hölle zu schaffen und sie für alle Ewigkeiten in Betrieb zu halten." Pythagoras, Sokrates, Platon und Schopenhauer klopften dem Buddha auf die Schulter und sagten: „Wir hoffen doch sehr, daß deine Vorschläge von Gottes weisem Ratschluß angenommen werden." Nach einigem Nachdenken jedoch gestand Platon: „Ich wäre allerdings, was das Himmelreich betrifft, zu einem Kompromiß bereit, denn es ergeben sich bei der Wanderung der Seelen ja doch einige Schwierigkeiten. Wo z.B. sollen sich die Seelen nach dem Tode des Körpers aufhalten, wenn gerade kein freier Leib zur Verfügung steht, in den sie inkarnieren können? Da wäre doch ein Himmel der richtige Aufenthaltsort. Und was den Begriff der Seele anlangt, so scheint er mir nicht präzise auszudrücken, was darunter in Zukunft verstanden werden sollte. Meiner Meinung nach sollten, was die Körper bewegt und was ihr da schlicht und einfach Seele nennt, substanzlose, geistige Ideen sein."
Jetzt entspann sich über den Aufenthaltsort der Seelen eine scharfe Diskussion innerhalb der Seelenwanderungspartei. Die einen meinten, wenn schon wandernde Seelen, dann sollten sie auch im Jenseits wandern und schlugen für die Wanderung gleich 7 Himmel vor. Andere schlugen ein alle

Lebensgier aufhebendes Nirwana oder ein absolutes Nichts als letzte, erlösende Zufluchtsstätte vor. Diese jedoch unterbrach Aristoteles mit der Bemerkung: „Ich mache mir kein Kopfzerbrechen über die Heimstatt der Seele außerhalb des Körpers. Die Seele wird existieren, das ist gewiß. Woher sie kommt, wohin sie geht, das halte ich für müßig zu ergründen.“ Hier lächelte Kung-fu-Tse zustimmend, und Aristoteles fuhr fort: „Aber Platons Gedanken, daß Ideen die Körper beseelen und bewegen sollten, halte ich für keine gute Idee. Was er Ideen und ihr anderen Seelen nennt, das sollten ätherische Formen, Entelechien sollten es sein.“ Und ein paar Top-Moderne klatschten Beifall bei dem Wort „Entelechien“. Der Begriff „Seele“ war ihnen offensichtlich nicht tiefschürfend genug, das innere Prinzip der Seele mit dem Begriff „Seele“ auszudrücken. „Papperlapapp“, unterbrach der große Leibniz jetzt den alten Griechen: „Wenn sich die unendliche Zentralmonade, Gott, entschließen könnte, auf die Schaffung toter Materieteilchen gänzlich zu verzichten und statt dessen gleich belebte Kleinstmonaden schafft, dann erübrigt sich die Seelenfrage, weil diese kleinen, in sich selbst belebten Kraftzentren gleichzeitig Seele und Beseeltes sind.“ Und etliche, spätere Naturwissenschaftler nickten zustimmend bei dem Worte „Kraftzentren“.

Da endlich meldete sich Hegel zu Wort, der schon eine Weile in ein Vor-sich-hin-tifteln versunken war und über das An-sich-sein, das Anders-sein und das An-und-für-sich-sein als These, Antithese und Synthese zu einem zunächst subjektiven, alsdann jedoch objektiven und schließlich absoluten Geist gekommen war, mit der ebenso genialen, wie überraschenden Erkenntnis: „Absoluter Geist wird die Ursache alles Seienden sein.“ Einigen Philosophen aber war der absolute Geist noch nicht absolut genug, und sie fügten hinzu: „Reiner Geist, reines Sein wird das Sein sein.“ „O, diese Professorenphilosophie der Philosophieprofessoren!“ rief nun Schopenhauer aus. „Hört doch endlich auf mit diesem Seinsgefasel! Es wird keine Seelen, keinen absoluten Geist und

kein reines Sein geben. Ein blinder Wille zum Leben wird die ursachlose Ursache aller Vorgänge in der Welt sein."
„Streitet nicht über die Existenz der Seele", beteiligte sich jetzt Kant an dem Gespräch: „Ich werde in meiner ‚Kritik der reinen Vernunft' die Feststellung treffen, daß die Idee der Seele mit der Vernunft weder zu beweisen, noch zu widerlegen ist." „Und das ‚Ding an sich' proklamieren", höhnte einer : „Von dem man dann nicht wissen wird, ob es Seele, Idee, Entelechie, Dharma, absoluter Geist, reines Sein, blinder Wille oder gar eine Monade ist." „Kants „Ding an sich" , das steht doch fest, ist der blinde Wille zum Leben und sonst nichts", verteidigte Schopenhauer das „Ding an sich". „Was heißt hier blinder Wille", entrüsteten sich die Kirchenväter des Christentums und einige Philosophen: „Des Menschen Wille wird frei sein!" Sie wurden unterbrochen von Mohammed, dem Kirchenvater des Islam und einigen anderen Philosophen: „Des Menschen Wille wird nicht frei sein", riefen sie aus.
Frei oder nicht frei? Das war jetzt die Frage. An diesem Problem entzündeten sich die Geister. Hier spaltete sich das Lager der Propheten und Philosophen; der Riß ging quer durch die ganze Geistes- und Geisterwelt, ja sogar Naturwissenschaftler beteiligten sich an dem Streite. Doch was noch schlimmer war, der heilige Augustinus fiel der eigenen Partei in den Rücken und erklärte: „Wollt ihr denn Gottes Allwissenheit leugnen? Wenn Gott allwissend ist, dann ist des Menschen Wille notwendig unfrei und seine Seele bereits bei der Geburt für Himmel oder Hölle bestimmt!" Und die Muselmänner riefen: „Bravo! So ist es! Kismet!" „So ist es nicht, der Wille ist frei! Nicht frei! Frei! Nicht frei!" so rief man durcheinander, und die einzelnen Gruppen diskutierten heftig die Folgen eines freien und die Konsequenzen eines unfreien Willens.
Es hub ein allgemeines Debattieren an. Sie bewiesen und widerlegten, sie behaupteten und verwarfen; kurzum, sie stritten über die Ursachen der Welt, den Aufbau der Welt, den Anfang der Welt, die Freiheit der Welt, die Seele der Welt,

die Sünde oder Tugend der Welt. Sie stritten über alles in der Welt. Schließlich stritten sie sogar über die Existenz Gottes selbst. Sie fingen an, Gottes Existenz spitzfindig zu beweisen und ebenso spitzfindig zu widerlegen.
Da unterbrach Gott das immer heftiger werdende Streitgespräch abrupt mit einem Seufzer, denn er hatte gerade ausgerechnet, wie viele Welten er wohl schaffen müßte, um allen Philosophen gerecht zu werden und war zu einer unfaßbar großen Zahl von universalen Schöpfungsakten gekommen.
Doch da hatte Albert Einstein plötzlich eine brillante Idee, wie man das Dilemma beseitigen könnte. Er trat an Gott heran und flüstete ihm ins Ohr: „Herr, mache deine Welt 4dimensional und gib den Menschen nur ein 3dimensionales Denkvermögen, dann können sie alles behaupten, aber nichts beweisen."

Und damit begann das Dilemma.

Kritik des 3dimensionalen Weltbildes der Physik

Die zuvor zitierte, frei erfundene Geschichte darf natürlich nicht allzu ernst genommen werden. Sie hat lediglich den Zweck, mit den Mitteln der Übertreibung deutlich zu machen, daß das Streben nach Welterkenntnis und Weisheit über mehr als 2 ½ Jahrtausende hinweg in der Philosophie nicht zu einer einheitlichen Naturauffassung geführt hat. Wendet sich der nach Erkenntnis strebende Mensch dann jedoch den Naturwissenschaften zu, um über die empirischen Wissenschaften zu einer gesicherten Kenntnis von der Welt zu kommen, findet er hier zwar eine einheitliche Naturauffassung vor, aber – was ihre physikalischen Fundamente betrifft – keineswegs eine bessere, als eben die, die ihm schon von 3dimensional denkenden Philosophen präsentiert und verleidet worden ist. Um die Unzulänglichkeiten dieser Naturauffassung und dem daraus resultierenden, 3dimensionalen Weltbild erkennbar zu machen, wollen wir uns zunächst einmal mit der Frage beschäftigen: „Was ist das überhaupt, ein 3dimensionales Weltbild, und wie kommt es zustande?"
Ein Gebilde, das eine bestimmte Länge (1. Dimension) und eine bestimmte Breite (2. Dimension) und eine bestimmte Höhe (3. Dimension) hat, ist ein räumliches, ein 3dimensionales Gebilde. Ein totes Materieteilchen z.B. wäre so ein rein 3dimensionales Gebilde und zwar aus folgendem Grunde: Gesetzt den Fall, es gäbe in der Natur etwas, das sich in seinen physikalischen Eigenschaften immer und ewig gleich bliebe, dann wäre dieses Etwas – weil sich seine physikalischen Eigenschaften niemals ändern – dem Prozeß des Entstehens und Vergehens nicht unterworfen, und so wäre es also zeitlos existent. Ohne Zeit existent zu sein aber heißt, ihm fehlt die 4., die Zeit-Dimension. Deshalb ist ein Gebilde, dessen Eigenschaf-

ten von Ewigkeit zu Ewigkeit keiner Veränderung unterworfen sind, ein Gebilde ohne Zeit und also ein rein 3dimensionales Etwas. Würden wir nun von der Physik oder von der Philosophie die Auffassung übernehmen, daß die Welt im unteilbar Einzelnen – d. h. also in ihrem Ursprung und in ihren Grundlagen – aus irgendwelchen, ewig unveränderlichen und folglich toten Natureigenschaften besteht – ganz gleich, ob diese ewig toten physikalischen Eigenschaften nun Materie oder Energie genannt werden –, dann hätten wir uns mit dieser Auffassung eine 3dimenionale Naturvorstellung, ein 3dimensionales Weltbild eingehandelt. Denn, sobald wir uns davon überzeugen lassen, daß es den Vorgang des Entstehens und Vergehens für die Grundlagen der Natur nicht gibt–und eben das ist dann der Fall, wenn wir die von der Physik aufgestellten Erhaltungssätze*) kritiklos übernehmen –, haben wir uns ebenso vorschnell wie freiwillig auf eine 3dimensionale Weltanschauung festgelegt.

Der von uns immer wieder gebrauchte Begriff der „unbelebten Natur", der „toten Materie" und ähnliche beweisen eigentlich schon, daß unsere Naturvorstellungen von einem 3dimensionalen Vorurteil geprägt sind, einem Vorurteil, das durch die Aufstellung von Erhaltungssätzen inzwischen sogar den Charakter einer „fundamentalen Wahrheit" erlangt hat. In den beiden Fundamentalsätzen – Masse- und Energie-Erhaltungssatz –, die die Grundlage unseres derzeit gültigen Weltbildes und infolgedessen auch die Basis unseres Naturverständnisses bilden, wird nämlich behauptet, daß die beiden physikalischen Eigenschaften Trägheit und Energie – im unteilbar Einzelnen – ewig unveränderliche, ewig unvergängliche Naturgrößen seien, denn im Satz von der Erhaltung der Masse wird die

*) Die den beiden Erhaltungssätzen für Masse und Engergie zugrunde liegenden Deduktivschlüsse (verdeckte Fehlschlüsse) sind in meinem Buch „Kritik des quantitativen Weltbildes" ausführlich abgehandelt.

Unvergänglichkeit der Materie bzw. Trägheitseigenschaft und im Satz von der Energie-Erhaltung die ewige Unvergänglichkeit der Energie-Eigenschaft postuliert. Mit diesen beiden Postulaten ist es der Physik gelungen, die Zeit aus den elementaren Grundlagen der Natur zu entfernen, denn etwas, das ewig unveränderlich, ewig unvergänglich ist, das ist der Zeit nicht unterworfen, das ist also zeitlos, und folglich fehlt ihm die 4., die Zeit-Dimension. Ein räumliches Gebilde aber, das ohne Zeit existiert, das also nur die Dimensionen Höhe, Länge und Breite hat, das ist geometrisch zwingend und demzufolge auch logisch zwingend ein rein 3dimensionales Gebilde. Fazit: In den beiden genannten Fundamentalsätzen der Physik werden die Grundlagen der Welt zu 3dimensionalen Erscheinungsformen der Natur, gewissermaßen zu toten Elementarbausteinchen gemacht.
Mit diesem Vorurteil belastet, haben wir kaum noch eine Chance, die wahren, die 4dimensionalen Grundlagen der Natur anschaulich zu erfassen. So einfache Dinge, wie die Verknüpfung von Raum und Zeit in den Fundamenten unserer Welt, so großartige Vorgänge wie die fortschreitende qualitative Entfaltung der Natur in der 4., in der Zeit-Dimension, sind dann unserem Verständnis entzogen und dies nicht etwa, weil 4dimensionale Naturvorgänge unser Vorstellungsvermögen überschreiten, sondern lediglich deshalb, weil sie schlechterdings nicht 3dimensional vorstellbar sind. Unser Vorstellungsvermögen ist durch das 3dimensionale Weltbild falsch programmiert, denn aus 3dimensionalen Grundlagen kann nun mal keine andere als eine 3dimensionale Welt entstehen, auch in unseren Köpfen, in unserem anschaulichen Denkvermögen nicht.
Es sind also die falschen Gewohnheiten in der Naturbetrachtung, die uns daran hindern, den wahren Charakter der Welt in allen ihren Bereichen, sowohl in ihren 4dimensionalen Fundamenten, als auch in ihren 4dimensionalen Veränderungsprozessen anschaulich zu begreifen,

denn: Eines ist absolut sicher – seit Max Planck in den Grundlagen der Natur eine 4dimensionale! Größe gefunden hat –, die Fundamente der Natur sind nicht 3dimensional, wie das in den beiden Fundamentalsätzen festgeschrieben ist, sie sind 4dimensional! Das aber heißt: Die elementaren Eigenschaften der Natur sind zeitliche Größen, sie sind dem Prozeß des Entstehens und Vergehens unterworfen; ganz gleich, was der Doktor der Medizin, Julius Robert Mayer, uns da in seinem Energie-Erhaltungssatz seit 150! Jahren weiszumachen versucht. Er nämlich hat das Fundamentalverhalten physikalischer Eigenschaften erwiesenermaßen nicht gekannt, er wußte lediglich, wie der Prozeß des Entstehens und Vergehens in der Natur *nicht* vor sich geht, nämlich nicht durch Übertragung oder Umwandlung, nicht durch die Summierung oder Teilung einer Energie. Und diese Kenntnis bietet keinen, aber auch gar keinen Anlaß, die Fundamente der Natur für ewig unveränderlich, für tot und unbelebt zu halten, denn das ist fürwahr ein schlechter Mediziner, der einen Patienten bereits für tot erklärt, wenn er lediglich weiß, wie dieser *nicht* gesund werden kann. Weder der Doktor der Medizin, noch irgendein Physiker hat je ein einzelnes Materieteilchen gemessen, noch ist aufgrund von Meßergebnissen der fundamentale Zustand, das fundamentale Verhalten des unteilbar einzelnen Energiebröckchens oder Materieteilchens bekannt. Woher also wollen wir wissen, ob die Natur im unteilbar Einzelnen belebt oder unbelebt ist? Die Physik versucht zwar seit einiger Zeit, den elementaren Prozessen im Bereich des unteilbar Einzelnen mit Wahrscheinlichkeits-Rechnungen beizukommen, aber messen kann sie das einzelne Teilchen nicht (Heisenbergsche Unschärferelation).

Die in den Fundamentalsätzen behauptete ewige Erhaltung, ewige Unveränderlichkeit physikalischer Elementareigenschaften ist also durch Meßergebnisse nie bestätigt worden.

Warum also glauben wir daran? Denn bei Lichte besehen ist allein der Glaube, daß Fundamentalsätze – obwohl von Menschen gemacht – einem unumstößlichen Naturgesetz gleichkommen, der Grund dafür, daß wir uns von unserem 3dimensionalen Weltbild geistig nicht lösen können und demzufolge außerstande sind, die alles verändernden Vorgänge des Entstehens und Vergehens in dieser, auf individuelle Entfaltung angelegten Welt zu begreifen. Das 3dimensionale Weltbild in unseren Köpfen kann jedoch nicht als Beweis dafür angesehen werden, daß unser anschauliches Denkvermögen grundsätzlich auf ein rein räumliches, rein 3dimensionales Vorstellungsvermögen beschränkt ist. Diese Vermutung Albert Einsteins trifft nicht zu, denn es hat in der alten, noch nicht von der quantitativen Meßstablogik angekränkelten Philosophie eine Reihe 4dimensional denkender Naturinterpreten gegeben (sie werden in den späteren Kapiteln zur Sprache kommen), aber die Einsteinsche Vermutung macht deutlich, daß die Physik ihr selbst geschaffenes 3dimensionales Weltbild nicht für eine Fehlentwicklung ihrer eigenen Naturphilosophie hält, sondern dazu neigt, die Geometrie als Fehlerquelle anzusehen, die ja bekanntlich nur in 3 Dimensionen räumlich anschaulich dargestellt werden kann. Ein solcher Standpunkt bietet kaum eine Möglichkeit, die Irrtümer des 3dimensionalen Weltbildes zu erkennen. Aber genau darauf kommt es an, denn erst die Einsicht des Irrtums und die damit einhergehende Aufgabe überlieferter Vorurteile machen es möglich, die 4dimensionalen Prozesse des Entstehens und Vergehens in der Natur anschaulich zu erfassen.
Die Vorgänge des Entstehens und Vergehens sind, weil sie in der Zeit-Dimension erfolgen, nicht auf die gleiche Weise erfaßbar, wie die Dinge und Vorgänge, die wir im Raume wahrnehmen. Da Zeitvorgänge keine räumlichen Vorgänge sind, können wir sie nicht bzw. nicht direkt über unsere 5 Sinne erfahren, denn sowohl unsere nach außen gerichteten 5 Sinne, als auch unsere verfeinerten Sinne,

unsere Meßmethoden sind allein auf die Wahrnehmung der räumlichen Umwelt ausgerichtet. Zeitereignisse aber finden – wie bereits im 1. Kapitel angedeutet – nicht im Raume, sie finden in einer nicht-räumlichen Richtung, auf einer nicht-räumlichen Ebene statt, und diese Ebene befindet sich – wie gleichfalls schon erwähnt – in der Projektion der 3 räumlichen Richtungen. Alle in der Zeit-Dimension erfolgenden Veränderungen sind also Vorgänge, die sich in der Projektion bzw. in den Dingen selbst vollziehen, und eben das sind die Vorgänge, die den wahren Fortschritt in der Natur bewirken, die allem, was da ist, einen Sinn, einen Zweck und ein Ziel geben. Dieser Sachverhalt aber entgeht unserer direkten Wahrnehmung und damit auch unserer Vorstellung, wenn wir lediglich unsere 5 Sinne, nur das quantitative Meßergebnis zum Inhalt unseres Urteils machen. Halten wir nämlich unsere 5 Sinne oder das Meßergebnis für das einzige Instrument, die Natur zu erfassen oder gar zu begreifen, dann wird unser Bild von der Welt geradezu automatisch ein 3dimensionales, denn das, was wir von der Umwelt wahrnehmen, ist ja doch auf die äußere, auf die räumliche Erscheinungsform der Körper und auf die im Raume zwischen ihnen ablaufenden Vorgänge beschränkt. Der wahre, der innere Beweggrund aller Dinge bleibt uns verborgen, und so haben wir für die Existenz und für die Vielfalt der Dinge keine logische Erklärung, denn diese ist nicht in ihrem 3dimensionalen Erscheinungsbild, sie ist nur in der Zeit zu finden. Wenn wir also davon überzeugt sind, daß nur das räumlich Wahrnehmbare wirklich ist – und dieser Auffassung war die Naturwissenschaft bisher im Grundsatz – dann erfahren die räumlichen Dinge und Vorgänge eine ihnen im Gesamtzusammenhang des Naturgeschehens absolut nicht zukommende Überbewertung, und die Vorgänge in der Zeitdimension werden nicht nur unterschätzt, sie werden gänzlich ignoriert. Das Resultat dieser, allein auf die räumliche Erfahrung ausgerichteten Naturerforschung ist ein ebenso stumpfsinniges, wie sinn-

entleertes Weltbild. Um die ganze Zweck- und Sinnlosigkeit dieser aus der räumlichen Wahrnehmung begründeten Naturanschauung zu erkennen, sollten wir uns im folgenden einmal kurz mit diesem 3dimensionalen Weltbild befassen, das die als klassisch bezeichnete Physik dem nach Erkenntnis strebenden Menschen bis vor kurzem anzubieten hatte.
Nach dieser klassischen, aber leider zum Teil auch noch heute von der Physik vertretenen Auffassung, soll die Natur im unteilbar Einzelnen aus einer toten Ursubstanz, den sog. Materieteilchen, bestehen. Der leere Raum, der alle Körper umgibt, soll nach eben dieser Auffassung nichts weiter sein als ein leerer Platz ohne jede physikalische Funktion, ohne jede physikalische Realität, gewissermaßen der Tummelplatz der toten Ursubstanz. Wobei der Streit, ob dieser leere Platz nun endlich oder unendlich oder sogar beides, nämlich durch eine gekrümmte Geometrie in sich selbst zurückgeführt ist, noch heute die Gemüter bewegt. Da es aber in einer toten Materieteilchenwelt keine Zeit und also auch keine Vorgänge, keine Veränderungen in der Zeitdimension gibt, fehlt dieser 3dimensionalen Welt jeder innere Beweggrund, so daß überhaupt nichts passiert, wenn keiner daran dreht. Also mußte ein anderer, ein 3dimensional plausibler und folglich äußerer Beweggrund gefunden werden. Und so verpaßte man der toten Ursubstanz eine Bewegungstherapie, damit wenigstens durch die Bewegung der Materieteilchen irgendwelche Ereignisse in dieser tot geborenen Welt zustande kamen. Der Bewegungsanstoß, der erste Kick gewissermaßen, wurde bei den Atheisten vom Zufall erbracht, bei den Andersdenkenden erfolgte er durch den freien Ratschluß Gottes, in beiden Fällen also akausal. Nachdem jedoch die beiden akausalen Weltbeweger Gott und Zufall ihre Schuldigkeit getan hatten, bedurfte es ihres schöpferischen Einsatzes nicht mehr, denn von jetzt ab verlief der Rest kausal, waren alle im Raume stattfindenden Vorgänge kausal bestimmbar, kausal berechenbar.

Und für das, was sich der kausalen Bestimmbarkeit weiterhin entzog – für das Leben und die Vielfalt der Natur hatte man eine wenigstens dem Anschein nach kausal klingende Erklärung bereit, nämlich die: „Verursacht durch das Wechselspiel der Kräfte." Doch wir freuen uns zu früh, wenn wir glauben, das Wechselspiel der Kräfte und der Bewegungstrieb der Materieteilchen – einmal angefacht von des Zufalls weisem Ratschluß – hielte nun für alle Zeiten vor. Wir haben nicht mit der Weisheit 3dimensional denkender Naturinterpreten gerechnet, denn sie stützen ihr Weltbild nicht nur auf Meßergebnisse, sie stützen es auch auf fundamentale Schlüsse. Und so entzogen sie mit einem flotten Deduktivschluß den Materieteilchen wieder, was Gott und Zufall in sie investiert hatten, die Bewegungsenergie. Irgendwann in ferner Zukunft, so schlossen sie messerscharf, ist es aus mit der Bewegung in der Natur; irgendwann stirbt diese Welt den Kältetod. (Entropiesatz*) So schrecklich endet eine Welt, die keinen besseren Weltbeweger als den Zufall hat. Aus dem Chaos geboren, derzeit Urknall genannt, siecht die Welt mit unerbittlicher Konsequenz – denn 3dimensionale Fundamentalsätze erhalten, wenn sie über einige Physikergenerationen hinweg nachzitiert worden sind, den Status eines Naturgesetzes – einer Verdammnis entgegen, in der die Körper nicht mehr in einem Höllenfeuer gebraten, sondern auf ganz moderne Art tiefgefrostet werden.
Ein Kältetod, das ist der Tod, den die 3dimensionale Fundamentalsatzwelt der Empirik wahrhaftig verdient, denn wir haben uns da von der sog. klassischen Physik ein Weltbild verpassen lassen, dem man nur wünschen kann, daß es noch vor seinem Kältetod das Zeitliche segnet. Die Philosophie jedenfalls wird einige Zeit brauchen, seinen Tod zu beschleunigen und die traurige Hinterlassenschaft dieses Weltbildes in unseren Köpfen zu beseitigen. Dazu gehört vor allem die unheilvolle Auffassung, daß nur

---

*) Bemerkungen zum Entropiesatz siehe Anhang

wirklich sei, was wir im Raume wahrnehmen, im Raume messen können. Dieser unvernünftigen Einstellung der Natur gegenüber haben wir es zu verdanken, daß die Zeit in unserer Vorstellung zu einer Dimension ohne jede physikalische Realität, ohne jeden realen Inhalt geworden ist. Die Tatsachen, die in der modernen Physik zur Aufstellung der Quantentheorie und der Relativitätstheorie geführt haben, sind zwar ein erster Schritt zu der Erkenntnis, daß die Zeit in unserem Universum mehr ist als nur eine inhaltsleere Dimension; aber sie haben leider nicht dazu geführt, daß die Physik die Grundlagen ihres 3dimensionalen Weltbildes, ihre *zeitlosen* Fundamentalsätze überprüft oder gar revidiert hat. So ruht die spezielle Relativitätstheorie zum Teil und die Quantentheorie noch ganz auf dem von der klassischen Physik entwickelten quantitativen Weltbild bzw. auf seinen 3dimensionalen Grundlagen. Kein Wunder, daß beide Theorien mit dem Stigma der Unanschaulichkeit behaftet sind, denn es dürfte schlechterdings unmöglich sein, unsere 4dimensionale Raum-Zeit-Welt anschaulich zu begreifen, wenn wir uns dabei – wie bisher – auf die von der klassischen Physik kreierten Fundamentalaussagen und also auf ein 3dimensionales Anschauungsmaterial stützen. Solange die Physik an ihren 3dimensionalen Erhaltungssätzen unverrückbar festhält, ist sie stets genötigt, die neu erkannten, 4dimensionalen Naturtatsachen mit den 3dimensionalen Grundlagen ihres Weltbildes in Einklang zu bringen. Damit aber tut sie etwas, von dem jeder Winzer weiß, daß es auf die Dauer nicht gutgehen kann; sie füllt den jungen Wein in alte Schläuche. In ihrer Theorienküche werden 4dimensionale Tatbestände mit 3dimensionalen Zutaten versehen. Kein Wunder also, daß ihre Menüs etwas unverdaulich, ihre Theorien etwas unanschaulich sind. Es wäre ihrem und unserem Weltverständnis wesentlich dienlicher, wenn sie etwas weniger Zeit damit verbringen würde, die sich anders verhaltende Natur mit ihren Fundamentalsätzen in Übereinstimmung zu bringen und et-

was mehr Zeit darauf verwenden würde, ihr 3dimensionales Weltbild auf Irrtümer hin zu überprüfen.
Es gibt wirklich keinen Grund, von einer Erfahrungswissenschaft Fundamentalsätze zu übernehmen, die nachweislich nicht auf Erfahrung beruhen, die also von Leuten gemacht worden sind, die weder die Fundamente der Natur, noch die Prozesse des Entstehens und Vergehens aus *Erfahrung* kannten. Wer nämlich einen Prozeß, den er nicht kennt, für die Grundlagen der Natur, die er ebenfalls nicht kennt, fundamental vereint, der macht nicht die Natur, der macht seine Unkenntnis zum Fundament seines Weltbildes. Anders ausgedrückt: Jemand, der den Prozeß des Entstehens und Vergehens von physikalischen Eigenschaften – von Qualitäten also – nicht kennt und diesen, ihm unbekannten Prozeß – der schon rein logisch kein quantitativer, d.h. also kein Summierungs- oder Teilungs- und folglich auch kein Übertragungsvorgang sein kann – fundamental verneint, weil er eben diesen Prozeß des Entstehens und Vergehens von Qualitäten! bei den von ihm gemessenen, *quantitativen* Naturprozessen der Energieübertragung nicht hat feststellen können – was logischerweise auch ganz unmöglich wäre –, der beweist mit seiner Verneinung lediglich, daß es ihm an der Fähigkeit mangelt, aus den gegebenen Naturtatsachen jeweils die richtigen Schlüsse zu ziehen, denn: Aus der empirisch gesicherten Tatsache, daß bei Summierungs- und Teilungs- bzw. bei Umwandlungs- und Übertragungsprozessen keine Energien und ergo keine physikalischen Eigenschaften entstehen oder vergehen, kann man nur schließen, daß der Prozeß des Entstehens und Vergehens in der Natur *kein* Summierungs- oder Teilungs- und also kein Übertragungsvorgang ist, sondern ein anderer Prozeß sein muß! Da die genannten Prozesse allesamt quantitative Veränderungsprozesse sind, kann man den zwingenden Schluß noch erweitern und folgern: Also muß der Prozeß des Entstehens und Vergehens in der Natur – da er kein quantitativer ist oder sein kann – ein qualitativer Verände-

rungsprozeß sein! Und da wir gerade beim Schlußfolgern sind, sollten wir auch diesen Schluß noch ziehen: Wer den Prozeß des Entstehens und Vergehens irgendeiner physikalischen Qualität in der Natur fundamental verneint und zum Beweis seiner fundamentalen Verneinung die an quantitativen Prozessen vollzogenen Meßergebnisse vorlegt, der hat – ganz schlicht und einfach – die falschen Meßergebnisse vorgelegt! Es ist also nicht das Meßergebnis, das seine „fundamentalen" Aussagen über die Natur so zwingend erscheinen läßt, es ist die alles überragende, quantitative Logik, die uns veranlaßt, die an falschen Prozessen geführten „Beweise" zu akzeptieren.
Die Natur aber kann in ihren Fundamenten nicht dem logischen Prinzip der Quantität und also nicht den logischen Gesetzen der Arithmetik gehorchen. Dies einfach deshalb nicht, weil sie im unteilbar Einzelnen gar keine Quantität von irgend etwas ist oder sein kann. Schließlich ist sie im unteilbar Einzelnen ja doch das, woraus jede Menge und also jede Quantität besteht, nämlich – weil unteilbar – eine reine Eigenschaft und d.h. eine physikalische Qualität an sich! Und da nur ein törichter Mensch auf die Idee kommen kann, von Äpfeln auf Birnen, von der Quantität auf die Qualität zu schließen, ist jemand, der das Verhalten einer Quantität zur Grundlage seiner Aussage über das Verhalten einer physikalischen Qualität macht, ein nicht ernst zu nehmender Tor. Der Entdecker des Energie-Erhaltungssatzes, der Mediziner Dr. Julius Robert Mayer (1814 – 1878), war ein solcher Tor, da er sein einseitig quantitativ entwickeltes Denkvermögen – wer so denkt, wie er mißt, denkt quantitativ – für ausreichend hielt, über Vorgänge in der Natur zu urteilen, die sich seiner Erfahrung, seinen Meßmöglichkeiten und zwingend auch seiner Kenntnis entzogen.
Nicht weniger fragwürdig ist die in Physikerkreisen heute noch gängige Gewohnheit, von der Unteilbarkeit, einer physikalischen Größe auf ihre ewige Unveränderlichkeit, ihre ewige Erhaltung zu schließen. der Begriff „Natur-

konstante“ kommt aus diesem Kreis. Doch die Unteilbarkeit einer physikalischen Größe läßt nur einen zwingenden Schluß zu, nämlich den, daß es sich hier nicht um eine Menge von physikalischen Eigenschaften handeln kann – eine Menge ist ja bekanntlich teilbar! –, sondern um eine reine Qualität handeln muß. Und dieser Tatbestand wiederum läßt nur noch den Schluß zu: Qualitäten sind keine Quantitäten, also verhalten sie sich auch nicht wie Quantitäten! Ihre Zu- und Abnahme erfolgt nicht durch Summierung oder Teilung, ist also kein quantitativer Prozeß, sondern muß ein anderer, ein qualitativer Prozeß sein! Und wer wollte schon bestreiten, daß Qualitäten veränderliche Größen sind, daß sie also zu- oder abnehmen können? Deshalb läßt sich abschließend folgendes sagen: Wer in der Begründung seines Weltbildes die Auffassung vertritt: „Was nicht mehr teilbar ist, das kann auch nicht mehr weniger werden, das bleibt sich in seiner physikalischen Eigenschaft ewig gleich, der ist als Naturinterpret eigentlich indiskutabel, da er das Verhalten einer Quantität zur Grundlage seiner Aussage über das Verhalten einer Qualität gemacht hat. Schließlich muß, wer von der Unteilbarkeit einer physikalischen Größe auf ihre unvergängliche Konstanz und ergo auf ihre ewige Erhaltung schließt, zuvor unterstellt haben, daß physikalische Eigenschaften *nur durch Teilung* verringert werden können. Er muß dem gängigen Vorurteil, daß der Vorgang des Vergehens einer physikalischen Eigenschaft – das Weniger-werden also – ein quantitativer Prozeß und also ein Teilungsvorgang ist oder *sein müßte,* mehr Glauben geschenkt haben als der Natur, denn diese beweist ihm über alle Zeiten hinweg, daß dem nicht so ist, daß Teilung kein Prozeß des Vergehens ist! Eingeengt in seine zum Weltprinzip erhobene quantitative Naturvorstellung ist der Meßstablogiker dann außerstande, die richtigen Schlüsse über die Natur zu ziehen, denn hätte er seiner Meßstablogik etwas weniger und der Natur etwas mehr vertraut, wäre er gar nicht erst auf die Idee gekommen, die Funda-

mente der Natur für ewig tot und unbelebt zu halten. Der richtige Schluß nämlich erbringt keine tote Materie, sondern eine von Anfang an 4dimensionale Welt. Der Grund dafür ist leicht einzusehen: Wenn unteilbare Qualitäten – was kaum bezweifelt werden kann – veränderliche Größen sind, dann können sie nicht durch Summierung oder Teilung und also nicht durch Übertragungsprozesse veränderlich sein, denn dies alles sind quantitative, von außen, aus der räumlichen Umwelt kommende Prozesse. Folglich müssen sie – schließlich sind sie unteilbar – in sich selbst veränderliche Gebilde sein. Sind sie in sich selbst veränderliche Größen, dann kann ihr Qualitätsniveau zwingend nicht zeitlos sein – denn zeitlos hieße ja, daß es ewig unveränderlich, ewig tot und also 3dimensional wäre –, dann muß ihr Qualitätsniveau ein in der Zeit veränderliches, ein zeitabhängiges, zeitgebundenes, – kurz –, ein zeitliches sein, schließlich ist in ihm ja der Prozeß des Entstehens und Vergehens von Eigenschaften möglich bzw. physikalisch angelegt und also fundamental begründet. Das aber kann nur eines heißen: Die Fundamente der Natur – die unteilbaren Einzelheiten aus welchen sie besteht – müssen 4dimensionale Größen sein!
Die Schwierigkeiten des Physikers, in der Natur zwischen qualitativen und quantitativen Prozessen zu unterscheiden, kommen natürlich nicht von ungefähr, sie sind darauf zurückzuführen, daß auch qualitative Prozesse nur quantitativ meßbar sind, denn es gibt nur eine zuverlässige Meßmethode, und eben das ist die quantitative. Die quantitativ angelegten Meßgrößen unserer Meßgeräte nämlich sind im Gegensatz zu den in der Zeit veränderlichen, qualitativen Werten immer gleich bleibende, konstante Größen. Und genau das, die Unveränderlichkeit der Meßgrößen, ist eine notwendige Voraussetzung, um bei Meßergebnissen zu objektiv gültigen Daten zu kommen. Deshalb ist das quantitative Meßergebnis immer zwingend. Was natürlich nicht bedeutet, daß auch die quantitative Interpretation des Meßergebnisses zwingend

ist, denn durch den Meßvorgang wird aus einer Qualität keine Quantität. Folgert man nun von der Konstanz der Meßgrößen auf die Natur, nämlich darauf, daß auch die allerkleinsten Bausteine der Natur, die unteilbaren Größen, aus welchen die Welt besteht, sich in der gleichen Weise konstant verhalten, wie unsere Meßgrößen, daß sie also – wie diese – immer unverändert gleich bleiben, dann erhält man die vielzitierte, tote Materie. Auf diese Weise haben die toten Materieteilchen das Licht der Welt erblickt. Sie sind – wie besprochen – das Produkt einer Schlußfolgerung, denn meßbar ist das einzelne „Materieteilchen" nicht. Es ist zu winzig, und unsere Meßmethoden sind zu grob, um in die kleinsten Bereiche der Natur vorzudringen. Aus diesem Grunde kennen wir das Verhalten eines einzelnen „Materieteilchens" nicht aus Erfahrung. Wir wissen nur rein logisch, daß die Natur in ihren Grundlagen aus unteilbaren Einzelheiten bestehen muß. Unteilbarkeit aber bedeutet nicht – wie besprochen –, daß die physikalische Eigenschaft eines unteilbaren Teilchens gleich bleibt. Von der Konstanz der Meßgrößen, d.h. also von der Konstanz der Quantität kann man logisch nur ableiten, daß die Quantität als solche – das ist also die Menge aller unteilbaren Einheiten in der Natur – konstant bleibt, nicht aber auch ihr qualitativer Inhalt. Wenn die Quantität konstant ist und ergo erhalten bleibt, dann bedeutet das, daß die einzelnen, unteilbaren Teilchen, aus welchen jede Teilchensumme zusammengesetzt ist, erhalten bleiben, da sie aufgrund ihrer Unteilbarkeit nicht zu Null **geteilt** werden können. Folglich ist die *Nichtteilbarkeit* des einzelnen Teilchens, die *Unteilbarkeit* selbst die konstante Größe in der Natur, denn nur sie bleibt erhalten, nichts anderes! Das aber heißt: Die Unteilbarkeit als solche ist die fundamentale Größe in der Natur. Sie ist die unumstößliche Naturtatsache, die von Ewigkeit zu Ewigkeit nicht aufgegeben, nicht aufgebrochen werden kann. Sie ist gewissermaßen eine Naturkonstante ohne Wert. Dies einfach deshalb, weil die ewige Er-

haltung nur für die unteilbare Einheit als solche, nicht aber für ihre physikalischen Eigenschaften, nicht für ihren qualitativen Inhalt gilt. Das – und nur das – läßt sich logisch ableiten, wenn wir die Logik der Quantität einmal konsequent auf den Bereich anwenden, auf den allein sie zutrifft, auf den Bereich der Quantität an sich. In letzter Konsequenz heißt das aber auch: Es ist der qualitätslose Urgrund der Natur, der ewig erhalten bleibt.
Daß der Urgrund der Natur kein irgendwie toter, kein irgendwie materieller sein kann, läßt sich gleichfalls ableiten, wenn wir den Begriff der Unteilbarkeit lediglich auf den Bereich anwenden, auf den allein er zutrifft, auf das Unteilbare selbst – nicht auf seine physikalischen Eigenschaften! – und aus dem Tatbestand der Unteilbarkeit als solcher unsere Folgerungen ziehen. Richten wir nämlich unser Augenmerk einmal auf die Möglichkeiten des Unteilbaren selbst, dann ergibt sich folgendes: Der Beweggrund, Qualitäten zu entwickeln und die in der Zeit entwickelten Eigenschaften zu verändern, kann – da er aufgrund der Unteilbarkeit nicht quantitativ bzw. nicht durch Übertragung und also nicht von außen erfolgen kann – kein äußerer Beweggrund sein; er muß also von innen kommen und kann daher nur ein innerer Beweggrund sein, und es *muß* ein innerer Beweggrund sein! Wäre nämlich der Prozeß der qualitativen Veränderung, der Prozeß des Entstehens und Vergehens nicht im Innern aller unteilbaren Elementareinheiten unabdingbar angelegt, dann gäbe es in diesem Universum keine qualitativen Veränderungen, keine Evolution, denn ohne diese innere Voraussetzung wäre es schon längst – seine unteilbaren Grundlagen existieren ja doch ewig! – seiner „Entropieverpflichtung" nachgekommen und heute so tot wie eh und je, falls wir nicht behaupten wollen, daß nach jedem Kältetod der Zufall wieder zuschlägt, um mit einem Superkick die Welt zu bewegen. Mit einem von außen erfolgenden Anstoß sind zwar quantitative Prozesse in Gang zu bringen, nicht aber die qualitative Vielfalt unserer Welt,

denn tot bleibt tot. Womit auch schon der Einstieg in ein neues Weltbild gefunden wäre, denn eine Welt, deren Fundamente *nicht tot sind*, nicht tot sein können, weil die qualitativen Erscheinungsformen ihres Grundlagenbereichs – wie alles Lebendige – dem Prozeß des Entstehens und Vergehens unterworfen sind, eine solche Welt ist eine durch und durch belebte, eine beseelte Welt. Beseelt, d.h. also etwas im Sinne von Seele einfach deshalb, weil für die wahren Bausteine der Natur der Grundsatz gilt: Sie sind weder so tot wie Materie, noch so unveränderlich wie Materie, noch so substantiell wie Materie, also sind sie nichts Materielles. Selbst wenn ihre physikalischen Eigenschaften so beschaffen sind, daß sie über lange Zeiträume hinweg konstant erscheinen und so den Anschein erwecken, etwas irgendwie Materielles zu sein, sie sind keine Materie und können auch keine Materie sein, weil sie im Urzustand, d.h. in ihrer zeitlosen Zustandsform, ohne jedwede physikalische Eigenschaft sind und folglich eine immaterielle Existenzform haben müssen. Ganz abgesehen davon, daß ihre Existenzform keine unverändert 3dimensionale sein kann, sondern eine 4dimensionale sein muß. Warum die unteilbaren Elementareinheiten der Natur in ihrer Geometrie 4dimensionale Größen sein müssen, das wiederum ist logisch ableitbar und deshalb leicht einzusehen: Da das Unteilbare nur ein ununterbrochen in sich zusammenhängendes, nur ein in sich selbst veränderliches Gebilde sein kann – schließlich ist es unteilbar –, muß es Kontinuums-Charakter haben, nämlich ein Gebilde sein, dessen in der Zeit erreichtes Qualitätsniveau in irgendeiner Abhängigkeit zu seiner räumlichen Ausdehnung steht. Ist sein Zeit- bzw. sein Qualitätsniveau von seiner räumlichen Ausdehnung abhängig, dann muß es ein Raum-Zeit-Kontinuum sein. Der Begriff „Kontinuum" bedeutet ja, daß etwas ununterbrochen in sich zusammenhängend – und d.h. in unserem Falle – unteilbar ist. Bilden Raum und Zeit eine in sich geschlossene, in sich selbst voneinander abhängige Einheit – und das ist dann

der Fall, wenn in der Projektion eines räumlichen Gebildes eine Qualität entsteht –, dann handelt es sich um ein Raum-Zeit-Kontinuum. Der Begriff „Raum-Zeit-Kontinuum" ist zwar – was seine geometrische Beschaffenheit betrifft – mit dem Postulat der Unanschaulichkeit behaftet, auf den eigentlichen Tatbestand beschränkt jedoch ist er nichts weiter als die geometrische Beschreibung des Lebendigseins und also auch des *Zeitlichseins*. Das Leben und die übrige lebendige Welt ist nun mal nicht mit 3 Dimensionen geometrisch beschreibbar und also auch nicht 3dimensional, nicht räumlich körperlich erfaßbar. Wer trotzdem versucht, die lebendige Natur 3dimensional und d.h. auch quantitativ zu erklären, der braucht eine Menge mehr an Postulaten, als des Zufalls flotten Superkick. Oder anders ausgedrückt:
Wer den Prozeß des Entstehens nicht in den Grundlagen seines Weltkonzeptes hat – und eben dieser Prozeß fehlt in einem physikalisch 3dimensional konzipierten Weltbild gänzlich! –, der braucht einen Gott bzw. die Schöpfungsakte eines Gottes, um diese Vorgänge nachträglich, nämlich durch Postulate in sein Weltbild einzufügen!
Die Physik ist zwar heute der Meinung, daß die Grundlagen der Natur irgendwie anders beschaffen sind, als das von der sog. klassischen Physik seinerzeit angenommen wurde; daß es im atomaren Elementarbereich wahrscheinlich Vorgänge gibt, bei welchen Raum und Zeit irgendwie miteinander verknüpft, irgendwie voneinander abhängig sind, aber sie ist derzeit noch weit davon entfernt, diese 4dimensionalen Naturprozesse als das zu erfassen, was sie wirklich sind, nämlich Prozesse des Lebendigseins, Prozesse des Enstehens und Vergehens. Und diese 4dimensionalen Naturprozesse sind keineswegs so unanschaulich, wie das derzeit noch behauptet wird; sie sind nur anders anschaulich, als es die gewohnten, quantitativen Zu- und Abnahmevorgänge für uns sind, die ja bekanntlich nach den logischen Gesetzen der Arithmetik (2 + 2 = 4) erfolgen. Und weil eine reine Qualität keine

Quantität von irgend etwas beinhaltet, kann mit einiger Sicherheit angenommen werden, daß der Grundlagenbereich der Natur bzw. die unteilbaren Elementareinheiten dieses Bereichs nach anderen logischen Gesetzen veränderlich sind, als den uns bisher bekannten Quantitätsgesetzen der Arithmetik. Wir haben also deshalb die lebendige Welt bisher noch nicht verstanden – weder in ihren Grundlagen, noch in ihrer qualitativen Vielfalt –, weil wir das logische Prinzip, das logische Gesetz nicht kennen, nach welchem Qualitäten existent und veränderlich sind. Eines aber dürfen wir jetzt schon mit großer Sicherheit annehmen: Die wirkliche, die qualitative Welt ist eine völlig andere als die Quantitätswelt der Physik!
So ungewohnt unserem, im quantitativen Denken erstarrten Verstande auch die Vorstellung sein mag, daß die Natur in ihren elementaren Grundlagen lebendig, daß sie beseelt ist, neu ist diese Erkenntnis keineswegs. Es hat in der Geistesgeschichte der Menschheit immer wieder Philosophen gegeben, die erkannt haben, daß die Welt in ihren zeitlosen Grundlagen nicht aus einer toten Materie oder toten Energie, sondern aus einem, im zeitlosen Zustand zwar qualitätslosen, dafür aber durch und durch beseelten Urgrund besteht. Diese Philosophen haben nicht nur den Urgrund der Natur, sie haben auch den *inneren* Beweggrund aller Dinge gekannt, jenen lebendigen Beweggrund nämlich, der alle Dinge in der Zeit-Dimension voranbringt, der ihre sinnvolle Entwicklung, ihre qualitative Entfaltung bewirkt. Ein Beweggrund übrigens, der im Weltbild der Physik auch heute noch gänzlich fehlt, denn die Bewegung von Materie- oder Energieteilchen im Raum – wer immer auch sie in Gang gesetzt haben soll – kann man ja beim besten Willen nicht für einen sinnvollen Beweggrund halten. Ganz abgesehen davon, daß dieser *äußere* Beweggrund im Entropiesatz wieder abgeschafft wird. Die Erkenntnis, daß alle physikalischen Eigenschaften in diesem Universum dem Prozeß des Entstehens und Vergehens unterworfen sind, daß der tatsäch-

liche Urgrund aller Dinge keine tote Ursubstanz, keine tote Urenergie, sondern eine von Ewigkeit zu Ewigkeit beseelte Zustandsform ist, die infolge ihrer Veränderungen in der Zeit-Dimension die ganze Vielfalt dieser durch und durch lebendigen, durch und durch beseelten Welt hervorbringt, diese Erkenntnis taucht in der Philosophie der Mystiker immer wieder auf und ist – was ihre ersten Vertreter betrifft – älter noch als die tote Substanzteilchen-Philosophie des griechischen Naturphilosophen Demokrit (460 – 370 v. Chr.) und der Physik bis in unser Jahrhundert hinein. Die Philosophen dieser Richtung haben zum Teil offen, zum Teil auch nur andeutungsweise davon gesprochen, daß sie den beseelten Urgrund der Welt aus Erfahrung kannten. Daß sie ihre Erfahrung bzw. die Erkenntnis einer von Anfang an beseelten, von Anfang an lebendigen Welt nicht mit den Begriffen einer 3dimensional urteilenden Empirik, nicht mit den Begriffen einer Materieteilchen-Welt veranschaulichen konnten, versteht sich dabei fast von selbst. Und weil sie Begriffe wählen mußten, die außerhalb des täglichen Erfahrungsbereichs ihrer Mitmenschen lagen, gingen sie stets das Risiko ein, gegen althergebrachte 3dimensionale Naturvorstellungen zu verstoßen. Daran hat sich bis heute eigentlich nicht viel geändert. Im Gegenteil, wer heute von einem eigenschaftslosen Urgrund, d.h. also von einem völlig energielosen, völlig masse- oder materielosen End- und Anfangszustand des Universums spricht, der hat zu allen andern Übeln noch gegen einige Fundamentalsätze der jüngeren „Geistesgeschichte“ zu kämpfen und riskiert sofort die Opposition, vermutlich sogar die Verachtung aller Fundamentalsatz-Kenner. Diese nämlich glauben ganz genau zu wissen, daß zumindest die Energie eine physikalische Eigenschaft ist, die ewig erhalten bleibt. Sie jedenfalls sind von des Gedankens Blässe nicht angekränkelt, daß die Natur möglicherweise auch in ihren Grundlagen eine 4dimensionale ist und sind deshalb auch nicht zu der Einsicht fähig, daß die Physik mit ihren 3dimen-

sionalen Fundamentalsätzen die *Zeit* aus den Grundlagen der Welt *entfernt* hat und mit der Zeit das Leben und mit dem Leben die Beseeltheit der Natur!
Es ist also auch heute gar nicht so einfach, von einem beseelten Urgrund zu sprechen, wenn Physiker diesen Urgrund rein wissenschaftlich für tot erklärt haben. Daß und weshalb die Fundamentalsätze der Physik, in welchen die ewige Erhaltung einer physikalischen Eigenschaft behauptet wird, auf Deduktivschlüssen beruhen und wo der Fehlschluß im einzelnen steckt, habe ich in meinem Buch „Kritik des quantitativen Weltbildes" aufgezeigt. Mit der Kritik allein jedoch ist das Problem, Zeitvorgänge allgemein verständlich und anschaulich zu machen, nicht ausreichend bewältigt. Zumal der einseitig auf die räumliche Wahrnehmung ausgerichtete, gesunde Menschenverstand – dem die Vorgänge in der Zeit-Dimension eben wegen dieser Einseitigkeit unzugänglich sind – in der Vergangenheit kein Verständnis und erst recht keine Vorstellungsbasis für die Zeit entwickelt hat, so daß diese Basis in unserem Verstande erst geschaffen werden muß. Dies bedenkend, möchte ich zunächst einmal den Versuch unternehmen, den Zeitbegriff rein logisch abzuhandeln. Vielleicht kann damit erreicht werden, daß der Leser in den dann folgenden Kapiteln nicht völlig unvorbereitet an den außergewöhnlichen und derzeit nur in der Mystik bzw. in der buddhistischen Philosophie bekannten Vorgang der Zeiterfahrung herangeführt wird.

Der Urgrund der Welt und seine logische Basis

Der in der Zeit-Dimension erfolgende Prozeß des Entstehens und Vergehens von Qualitäten muß aus logisch zwingenden Gründen von Null herkommen und nach Null hin wieder aufgehen. Null heißt in diesem Falle natürlich *nicht quantitativ* Null, denn die Null ist – wie wir alle noch aus der Schule wissen – nicht durch Teilung und also nicht quantitativ erreichbar. Null heißt in unserem Falle *qualitativ* Null, nämlich niveaulos in der Zeit-Dimension zu sein, weil alle in der Zeit gewonnenen Qualitäten wieder aufgegeben worden sind. Der Grund dafür, daß der Vorgang des Vergehens in der Natur logisch zwingend nach Null – nach qualitätslos Null hin! – aufgehen muß, ist schließlich der: Etwas, das vergeht, das verschwindet. Und was in der Zeit-Dimension vergeht, das verschwindet in der Zeit-Dimension. Es wird deshalb in der Zeit! zu Null, weil es sein in der Zeit-Dimension erlangtes Qualitätsniveau verloren bzw. wieder aufgegeben hat. Das heißt aber keineswegs, daß es jetzt nicht mehr existent ist, denn Null sein heißt auf gar keinen Fall *nicht mehr sein*, es heißt lediglich, niveaulos in der Zeit zu sein, nämlich ohne irgendwelche Qualitäten und folglich ohne das Zeitlichsein qualitativer Zustandsformen zu existieren. Zeitlos existent zu sein, das heißt also logisch zwingend: keine zeitlichen und ergo keine körperlichen, keine physikalischen Eigenschaften mehr zu haben. Und da, was keine physikalischen Eigenschaften hat, physikalisch gesehen nichts ist, tun wir gut daran, in einer 4dimensionalen Raum-Zeit-Welt die qualitätslose, die in der Zeit niveaulose Zustandsform aller Dinge auch als das zu bezeichnen, was sie physikalisch gesehen ist, nämlich *das Nichts.*

Schon der griechische Philospoph Aristoteles (384 – 322 v. Chr.) hat die Behauptung, daß aus Nichts nichts werden kann – daß also aus Null nichts entstehen kann –, eine in Philosophenkreisen übliche Meinung genannt. Und der Umstand, daß diese Meinung auch in Physikerkreisen üblich ist, ändert nichts an ihrer Fragwürdigkeit, denn die Behauptung: „Aus Nichts wird nichts“, klingt zwar irgendwie plausibel, erweist sich aber als glatter Unsinn, wenn wir den Begriff von Null und Nichts – wie er im westlichen Kulturbereich gebraucht und verstanden wird – einmal kritisch überprüfen: In der europäischen Natur- und Geistesgeschichte hielt man bisher und hält auch heute noch die Null bzw. das Nichts für eine Fiktion, denn der Begriff kommt im Westen dadurch zustande, daß man sich die wahrnehmbare, die wirkliche Welt – nicht nur in ihren qualitativen, sondern auch in ihren quantitativen Erscheinungsformen – insgesamt wegdenkt. Der auf diese Weise gefundene Null- und Nichtsbegriff ist also ein reines Gedankending, ein durch das Wegdenken lediglich erfundener Begriff, d.h. also eine Fiktion. Die Idee, daß aus einem rein erfundenen und also nur geistig vorgestellten Nichts eine wirkliche Welt entstehen könnte, ist bereits glatter Unsinn, und dieser Unsinn wird durch die Verneinung, nämlich durch die Feststellung, daß dies nicht geschehen könne, nicht in Sinn verwandelt. Wo auch sollte in der banalen Erkenntnis, daß aus einer Fiktion keine wirklichen, keine wahrnehmbaren Dinge entstehen können, ein Sinn zu finden sein? Zu dergleichen, jedermann plausibel erscheinenden „Erkenntnissen“ kommt es dann, wenn jemand, der den Prozeß des Entstehens nicht kennt – weil er die Zeit nicht begriffen hat –, sein 3dimensionales Denkvermögen strapaziert, um über das Nichts bzw. über den Vorgang des Werdens zu tiefschürfenden Erkenntnissen zu kommen. Weshalb auch sollten gerade jene, die von dem Woher und Wohin aller Dinge in der Zeit-Dimension nicht die geringste Ahnung haben, wissen, was es mit der Null bzw. mit der zeitlosen Zustandsform des Urgrundes auf sich hat, der in der östlichen Philosophie schlicht und einfach als das Nichts bezeichnet wird? Das Nichts, das sich unsere westlichen Interpreten ausgedacht haben, das gibt es nicht, das ist und bleibt eine Fiktion. Bedauerlich ist nur die Unbekümmertheit, mit welcher einige westliche Übersetzer buddhistischer Schriften den Null- und Nichtsbegriff im Sinne der hierzulande üblichen Denkweise, nämlich als eine rein fiktive Größe interpretieren. Das verfälscht nicht nur den Nullbegriff, das entzieht der Natur auch ihre immaterielle Basis!! Um diese Basis geistig wieder herzustellen, wollen wir uns mit der Null zunächst einmal rein logisch befassen.

Daß die Null nicht durch Teilung erreicht werden kann, ist uns inzwischen hinlänglich bekannt. Wie aber ist die Null – ohne an der Quantität auch nur das Geringste zu ändern – real erreichbar? Um dies herauszufinden, machen wir eine Anleihe bei der Mathematik, denn die Mathematik beschränkt sich in ihrer geistigen Entfaltung nicht – wie unser einseitig entwickeltes Naturverständnis – auf den Qualitätsbereich, der mehr als Null ist, sie rechnet also nicht nur mit Plus, sie rechnet – den alten Indern sei's gedankt – auch mit Minus und hätte ohne die Null überhaupt keine logische Basis. Und da Plus und Minus – ihrer Herkunft nach – Qualitätsbegriffe sind, können wir die logischen Grundsätze der Mathematik auch auf unser Problem anwenden und erhalten sogleich eine ebenso zwingende wie einleuchtende Antwort auf unsere Frage, denn: Die Null ist immer dann erreichbar, wenn wir auf der einen Seite Plus und auf der anderen Seite ein gleich großes Minus haben. Verwenden wir nämlich das Plus, um das Minus aufzuheben, dann erreichen wir die Null einfach deshalb, weil wir unseren positiven Besitz – die Plusqualität – dazu benutzt haben, unseren negativen Besitzstand – das Loch in der Kasse – auszugleichen. Unser derzeitiges physikalisches Weltbild hat allerdings noch kein „Loch in der Kasse", denn es beschränkt sich in seiner Naturbeschreibung und in seinem Naturverständnis – wie wir inzwischen feststellen konnten – auf die Bereiche der Natur, die unserer räumlichen Wahrnehmung zugänglich sind, auf die positiv reale Welt und also nur auf den Bereich, der mehr als Null ist. Alles was unterhalb Null real ist und demzufolge unserer Wahrnehmung nicht direkt zugänglich ist, das hat im Weltbild der Physik – bis zum heutigen Tage – keinen Platz, es existiert nicht – oder richtiger –, es wird ignoriert. Die Folgen dieser Naturauffassung sind absehbar, denn eine Wissenschaft, die nur die halbe Wirklichkeit, nur die positiv realen Erscheinungsformen der Welt als existent erachtet, kommt bei der Beschreibung der Natur natürlich auch mit der halben Logik aus. Aber es darf doch sehr bezweifelt werden, daß für das Verständnis der Natur gleichfalls nur die Hälfte unseres Geistes, nur die halbe Logik ausreichend ist. Bei dem Gedanken an die Halbierung unserer geistigen Möglichkeiten stellt sich sogleich die Erinnerung an eine Ballade Ludwig Uhlands wieder ein, in welcher der englische König, Heinrich II., an den Troubadour Bertrand de Born die Worte richtet:

„Steht vor mir, der sich gerühmet
in vermeßener Prahlerei,
daß ihm nie mehr als die Hälfte
seines Geistes nötig sei?
Nun der halbe dich nicht rettet,
ruf den ganzen doch herbei,
daß er neu dein Schloß dir baue,
deine Ketten brech entzwei!“

Auch wir sollten die Ketten unseres quantitativen Denkens endlich sprengen und auf den Trümmern unseres 3dimensionalen Weltbildes ein neues, ein qualitatives Naturverständnis aufbauen. Dazu aber ist es dringend erforderlich, unseren Realitätssinn auf den Bereich in der Natur zu erweitern, der unterhalb Null liegt; ganz gleich in welcher Weise dieser Bereich von der Naturwissenschaft bisher in das 3dimensionale Materieteilchen Weltbild mit einbezogen und – gestützt auf das falsche Weltbild – interpretiert worden ist. Wenden wir nämlich unseren ganzen Geist, unser ganzes logisches Denkvermögen auf die Natur an, dann wird sehr schnell klar, wie die Null nicht nur in der Mathematik, wie sie auch universal, wie sie physikalisch erreichbar ist.

Wer wollte z.B. leugnen, daß die Leere – die wir indirekt wahrnehmen, wenn wir in den gestirnten Himmel über uns schauen – eine *kosmische Realität* ist!? Da sie zwingend keine positiv wirksame Realität sein kann, muß sie in diesem Universum eine negative Realität, d. h. also eine qualitative Erscheinungsform der Natur sein, deren Wirksamkeit unterhalb der Wahrnehmbarkeitsgrenze und also unterhalb Null liegt. Wenden wir auf die ganze Welt auch unsere ganze Logik an, dann ist der leere Raum eine kosmische und ergo auch eine physikalische Realität. Folglich muß die im leeren Raum – und nur im leeren Raum! – nachgewiesene physikalische Eigenschaft – die Newton Gravitation genannt hat – eine Eigenschaft der Leere sein, denn: Wer sein Weltbild auf Tatsachen gründet, der muß eine Beschleunigungseigenschaft, die im leeren Raum nachgewiesen, ja sogar indirekt gemessen wird, auch dem Naturbereich zuordnen, in dem sie wirksam ist, und eben das ist der leere Raum. Werden jedoch tote Materieteilchen postuliert – die niemand je nachgewiesen hat –, um ihnen die physikalische Eigenschaft Gravitation aufzupfropfen – die auch niemand je an der sog. Materie nachgewiesen hat –, dann beweist diese Manipulation nur eines zwingend; der Naturinterpret hat seine Materievorstellung allein und das heißt, seine halbe Logik für ausreichend gehalten, sich ein Bild von der ganzen Welt zu machen. Diesen Materiekult jedoch wollen wir vermeiden. Aus diesem Grunde halten wir das Beschleunigungsgefälle der Leere für das, was es 4dimensional gesehen sein muß, nämlich für ein in der Zeit erworbenes Ne-

gativniveau. Anschaulich ausgedrückt könnte man die Leere auch als ein Zeit-Tal bezeichnen, denn sie ist der Bereich in der Natur, dem etwas fehlt – um zeitlos zu sein! – und zwar genau das fehlt, was im Zentrum des Beschleunigungsgefälles zuviel, nämlich in übergroßer Fülle vorhanden ist.
Damit wäre der Weg dann endlich frei, die Null und natürlich auch den niveaulosen Urgrund der Natur anschaulich zu erfassen. Wird nämlich die kosmische Fülle – das Plusniveau in der Zeit – dazu aufgewendet, die kosmische Leere – das Negativniveau in der Zeit – wieder auszugleichen – und das ist dann der Fall, wenn der Berg das Tal wieder ausfüllt, das er bei seiner Entstehung hinterlassen hat –, dann ist die Null und mit der Null auch der zeitlose Urzustand der Natur wieder erreicht, ohne daß sich an der Summe der beteiligten Quantität auch nur das Geringste geändert hat, denn: Die am Prozeß des Entstehens einer physikalischen Qualität beteiligten unteilbaren Einheiten, die das Plusniveau in der Zeit gebildet haben, bleiben alle erhalten, sind also alle noch vorhanden, wenn auch jetzt in einer anderen, in einer qualitätslosen, dafür aber zeitlosen Zustandsform, denn auch sie haben bei dem Prozeß des Vergehens ihr Plusniveau ins Geschäft gesteckt, um ihr Negativniveau in der Zeit auszugleichen und – daraus resultierend – wieder zeitlos zu werden. Daß wir auf dem richtigen Wege sind, die Natur in ihrer Ganzheit zu verstehen, beweist ein Tatbestand, der der Physik bisher einiges Kopfzerbrechen gemacht hat. Seit feststeht, daß die an der Fülle nachgewiesene Qualität Trägheit und die in der Leere nachgewiesene Gravitations-Eigenschaft *immer* exakt proportionale Größen sind, steht natürlich auch fest, daß sie voneinander abhängige Größen sein müssen. Dieser Tatbestand läßt sich in das einseitig positivistisch geprägte Weltbild der Physik nicht einordnen. Sind nämlich Trägheit und Gravitation – wie von der Physik noch heute behauptet – Eigenschaften ein und derselben Größe – ob sie nun Materie oder Masse genannt

wird –, dann gibt es für die gegenseitige Abhängigkeit der beiden Qualitäten keine irgendwie plausible Erklärung. Lösen wir uns aber von dem in der Physik seit 300 Jahren nachgebeteten Glaubensdogma, daß die Erde zieht – ein Dogma übrigens, das Isaac Newton vor *300!* Jahren im primitiven, durch nichts zu erschütternden *Glauben* daran aufgestellt hat, daß die kosmische Leere nichts weiter sei, als ein unendlich leerer Platz ohne irgendwelche physikalische Realität! –, dann findet die Abhängigkeit der beiden Qualitäten Trägheit und Gravitation nicht nur eine zwingende Erklärung, sie erweist sich sogar als ein Naturgesetz. Der Grund dafür ist leicht einzusehen:

Da man aus der Natur nicht mehr an Plus herausholen kann, als man auf der Minusseite hinterläßt, ist die Proportionaliät beider Qualitäten zwingend gesichert und natürlich auch ihre Abhängigkeit, denn beide Größen sind deshalb untrennbar aneinander gekoppelt und voneinander abhängig, weil ihr Qualitätswert insgesamt immer Null bleibt, immer Null bleiben muß. Schließlich kommt der Prozeß des Entstehens und Vergehens von Null her und geht nach Null hin wieder auf. Die Null bleibt also immer erhalten. Was auf einen einfachen Nenner gebracht nichts anderes heißt als: Habenichtse können eben nur durch Schulden machen, nur auf Pump zu einem positiven Besitzstand kommen. Jede zeitliche Existenzform, so reich an Besitzstand sie auch scheinen mag, ist also nur eine gepumpte Daseinsform, ausgeliehen bei der Ewigkeit, bei der Zeitlosigkeit, in die alles wieder zurückkehrt. Jetzt wird auch verständlich, warum einige indische Philosophen die von uns wahrgenommene Welt als eine Welt des Scheins, ja sogar als eine Trugwelt angesehen haben. So extrem uns dieser Standpunkt zunächst auch erscheinen mag, ganz unrichtig ist er nicht, jedenfalls nicht für den, der die objektive Realität der Welt – das nämlich ist die Null – für wichtiger hält, als ihre subjektiven Erscheinungsformen. Das heißt aber keineswegs, daß die zeitliche Welt tatsächlich eine Trugwelt ist, denn auch die Welt des schönen Scheins ist eine durch und durch reale, wenn auch nur eine relativ reale, nämlich nur eine zeitlich reale Welt. Ewig unvergänglich und deshalb objektiv real ist nur der niveaulose, der qualitätslose, der zeitlose Urgrund, nur das Nichts!

Die Plus-Minus-Null-Logik, die die logische Basis unserer Mathematik bildet, ist – wie wir uns jetzt schon denken können – kein Produkt der quantitativen Vernunft. Sie kam aus dem alten Indien, wo qualitativ denkende Philosophen – wie Yagnavalkya, Siddharta Gautama und andere – mit ihrer an der Zeitlichkeit und der Zeitlosigkeit orientierten Naturinterpretation die für das Weltverständnis notwendige logische Basis schufen. Sie nämlich haben schon vor mehr als 2½ Jahrtausend erkannt und gelehrt, daß alle qualitativen Erscheinungsformen der Natur zeitliche Größen sind, die dem Prozeß des Entstehens und Vergehens folgen. Und eben dieser Prozeß geht in ihrem Weltbild ganz selbstverständlich nach Null hin auf. Faszinierend ist dabei, daß sie die Null bzw. die zeitlose Zustandsform des Niveaulosen nicht nur durch die Verneinung von Plus und Minus beschrieben haben, sondern auch die kosmische Leere als eine negative Realität der Natur in ihr Weltbild mit einbezogen haben. Daß sie die Frage, was das Nichts denn wirklich sei, stets mit der Negation der Extreme – es ist nicht hoch, nicht tief; nicht Berg, nicht Tal; nicht Fülle, nicht Leere usw. – beantwortet haben, erweist sich unter den neuen Gesichtspunkten als der einzig gangbare Weg, den niveaulosen Urgrund der Natur, der mit den Begriffen aus der räumlichen Erfahrungswelt nicht zu beschreiben ist, doch noch zu beschreiben. Und so wird die Null – die nach buddhistischer Interpretation immer dann erreicht wird, wenn die Gegensätze einander aufheben – im buddhistischen Weltbild zur Grundlage allen Seins und damit *die* reale Naturgröße, aus der alle qualitativen Erscheinungsformen hervorgehen und in die sie wieder eingehen.

Im westlichen Kulturbereich dagegegen wird die Null der Inder als eine rein erfundene, rein fiktive Größe angesehen und auch so interpretiert. Das hat seinen Grund darin, daß man der Zeit hierzulande keinerlei Realität beigemessen hat. Sie wurde ja – wie die Null – für eine Fiktion gehalten, und so gibt es den Prozeß des Entstehens und Vergehens in unserem physikalischen Weltbild nicht, denn: Wer die Null für eine Fiktion hält, der muß auch die Zeit für eine Fiktion halten, folglich macht er Fundamentalsätze, in welchen eben dieser Prozeß verneint wird. Die Erhaltungssätze der Physik sind also ein klassischer Beweis dafür, daß ihre „Entdecker" weder die Zeit, noch die Null, noch den Prozeß des Entstehens und Vergehens begriffen haben, und sie beweisen außerdem noch, daß ihre Anhänger die negativen Realitäten der Natur ignorieren. Dabei ist der Nachweis, daß die kosmische Leere physikalische Eigenschaften hat, längst erbracht, und zwar nicht nur hinsichtlich des im leeren Raume wirksamen Beschleunigungsgefälles, sondern auch hinsichtlich der Lichtausbreitung in eben diesem Raum. Aber Fundamentalsatz-Anhänger scheinen ganz allgemein ihrer 3dimensionalen Vernunft bzw. ihren fünf Sinnen mehr zu trauen als ihren Meßergebnissen, denn allein auf die Sinneswahrnehmung gestützt, erweckt die kosmische Leere ja doch den Eindruck, als habe sie keine physikalischen Eigenschaften. Schließlich liegt ihr Qualitätsniveau unterhalb Null und also auch unterhalb der direkten Wahrnehmbarkeit. Und was für das Negativniveau der Leere gilt, das trifft erst recht auf den zeitlosen Urgrund zu, denn er ist – obwohl real existent – in keiner Weise feststellbar, weder direkt noch indirekt meßbar, denn er hat ja keine physikalischen Eigenschaften, weder positive, noch negative und ist folglich nichts im materiellen, nichts im physikalisch nachweisbaren Sinne. Wie also sollte man ihn wahrnehmen, was an ihm messen können?
Daß die unteilbaren Einheiten, aus welchen die Natur in ihren Grundlagen besteht, im zeitlosen Zustand nichts

Meßbares sind und doch irgendwie räumlich vorhanden, irgendwie existent sind, das mag unserem einseitig quantitativ entwickelten Denk- und Vorstellungsvermögen zunächst noch sehr unplausibel erscheinen; es erweist sich aber als zwingend, wenn wir folgendes bedenken: Eine Quantität, die ihre physikalischen Eigenschaften aufgegeben hat, um zeitlos zu werden, hat ja damit nicht zugleich auch sich selbst aufgegeben, nicht das aufgegeben, was diese Eigenschaften entwickelt und getragen hat. Sie hat lediglich ihre in der Zeit erlangten, positiven Qualitäten ins Geschäft gesteckt, um das in der Zeit-Dimension hinterlassene Negativniveau – um mit dem Berg das Tal – aufzuheben, denn die Erlangung eines Plusniveaus in der Zeit ist nur auf Kosten der *Zeitlosigkeit* und also nur – wie bereits besprochen – durch Hinterlassung eines „Schuldenkontos“ in der Zeitlosigkeit bzw. in der Zeit-Dimension möglich. Wenn auch eine eigenschaftslose Quantität nicht viel zu sein scheint, denn physikalisch gesehen ist sie ja nichts, so ist sie doch viel mehr, als es eine Summe toter Materieteilchen je wäre, denn diese niveaulose Quantität, dieses physikalische Nichts ist ja auf gar keinen Fall tot! Es kann sich ja in der Zeit verändern; es kann Qualitäten entwickeln und wieder aufgeben; es kann also das, was tote Materieteilchen, tote Energiekorpuskel niemals könnten, es kann seine Qualitäten entfalten, sie entstehen und wieder vergehen lassen; es kann also lebendig sein! Und da die zeitlose Zustandsform, die die Grundlage für alles Zeitliche, für alles Lebendige ist, zwingend nichts Materielles sein kann – schließlich ist sie ohne jede physikalische und also auch ohne jede materielle Eigenschaft existent –, muß sie etwas sein, auf das nur der Begriff *Seele* oder *beseelt* zutreffen kann.

Jetzt wird auch das dümmste Relikt 3dimensionaler Denkungsart offenkundig und der Widersinn erkennbar, der in der Behauptung steckt, die Seele existiere nicht, da man sie nicht wahrnehmen, nicht messend nachweisen könne. Wer die Seele messen will, der muß zuvor erst einmal un-

terstellen, daß sie etwas Körperliches, etwas Materielles ist. Das aber wird von keinem ernst zu nehmenden Philosophen, von keiner ernst zu nehmenden Religion in Ost und West behauptet. Das Gegenteil ist der Fall und richtig, wie wir jetzt erkennen können. Wer nur das für wirklich hält, was wahrnehmbar ist, der macht nicht die Natur, der macht sein beschränktes Wahrnehmungsvermögen zur Grundlage seines Weltbildes und erlangt auf diese Weise ein falsches Bild von der Natur. Denn: Unsere nach außen gerichteten 5 Sinne sind leider nicht daraufhin angelegt, die Plus-Minus-Null-Logik unserer Welt a priori zu erfassen, noch sind sie in der Lage, das Niveaulose, die zeitlose Zustandsform des Seins zu erkennen. Sie sind schließlich nur zu dem Zweck entwickelt worden, uns das Leben und das Überleben in der wahrnehmbaren, in der positiv realen Weltwirklichkeit zu ermöglichen. Die Beschränktheit unserer Wahrnehmungsmöglichkeiten aber sollte für uns kein Grund sein, auch unsere Erkenntnisfähigkeit zu beschränken, indem wir uns darauf versteifen, nur das für wirklich zu halten, was unserer Wahrnehmung zugänglich, was also mehr als Null ist.
Haben wir uns erst einmal an den Gedanken gewöhnt, daß die 4dimensionale Raum-Zeit-Welt eine durch und durch lebendige Welt ist, und daß diese lebendige Welt keinen toten, sondern einen beseelten Urgrund hat, dann wird es uns nicht schwerfallen, für diesen beseelten Urgrund auch den Begriff „Nirwana“ zu akzeptieren. In diesem, von der buddhistischen Philosophie geprägten Begriff ist nämlich, neben der Beseeltheit des Urgrundes, zugleich auch noch die Aussage enthalten, daß der zeitlose Nullzustand eine durchaus erstrebenswerte Existenzform ist, weil in ihm nicht nur die positiven, sondern auch alle negativen Erscheinungsformen des Lebendigen, des zeitlichen Seins aufgehoben bzw. überwunden sind. Damit taucht natürlich auch sogleich die Frage auf: „Was ist die als Nirwana bezeichnete Daseinsform überhaupt?“ Uns ist inzwischen zwar schon klar geworden, was wir uns darunter

nicht vorstellen dürfen, nämlich keine nur gedachte, aber auch keine irgendwie meßbare, keine physikalisch nachweisbare Existenzform. Da sie aber trotzdem real sein soll, wäre es natürlich gut zu wissen, was wir uns unter diesem niveaulosen Urgrund eigentlich vorzustellen haben.

Das Thema „Seele oder nicht Seele" ist zwar schon in vielen Variationen abgehandelt worden, da das hierzulande jedoch stets auf der Grundlage des 3dimensionalen Weltbildes und demzufolge recht spekulativ geschehen ist, wollen wir uns im folgenden einmal um eine 4dimensionale, um eine an der Zeit-Dimension orientierte Lösung dieser Grundsatzfrage bemühen.

Warum unsere Gegenwart unsterblich ist

Wenn wir in der uns zugänglichen, zeitlichen Erfahrungswelt eine Null finden würden, deren Charakteristik uns bekannt ist, dann wären wir sogleich auch in der Lage, die zeitlose Zustandsform des Urgrundes anschaulich zu erfassen, ohne diesen Urgrund je räumlich wahrgenommen, je gesehen zu haben. Machen wir uns also auf den Weg, diese Null zu suchen.

Wie wir bereits erörtert haben, sind die qualitativen Erscheinungsformen der Natur dem Prozeß des Entstehens und Vergehens unterworfen. Sie sind also *nicht* zeitlos, denn jede Existenzform, die mehr als Null ist hat mit der Entscheidung lebendig und also zeitlich zu sein, die zeitlose Zustandsform ihrer Existenz verloren. Als Folge dieser Entscheidung hat das in der Zeit entstandene Qualitätsgebilde auf der einen Seite der Zeit ein Plusniveau, auf der anderen Seite der Zeit-Dimension aber *fehlt* ihm etwas, nämlich mit dem Nullniveau auch die Zeitlosigkeit, und d.h., ihm *fehlt* die *Unsterblichkeit*! Wer nichts hat, der muß ja bekanntlich irgendwo Schulden machen, um ins Plus zu kommen. Und wer in der Zeit-Dimension nichts hat, weil er zeitlos ist , der muß die Ewigkeit, oder richtiger seine Zeitlosigkeit, beleihen, um mehr als Null zu sein. Folglich ist sein Plusniveau in der Zeit notwendig mit einem Mangel an Zeit – mit der Ermangelung der Ewigkeit bzw. des Ewigseins – belastet. Und das wiederum bedeutet, daß seine Existenz von vorneherein mit einem Negativniveau in der Zeit gekoppelt ist. Der Grund für die Vergänglichkeit aller positiv wirklichen Dinge ist nun mal ihr Negativniveau in der Zeit-Dimension, denn ohne dieses Negativniveau bliebe ja alles ewig im Plus. In diesem Falle jedoch wäre die Welt ewig tot, dies einfach deshalb, weil es in einer ewig nur positiv realen Welt keine Zeit und folglich auch keine zeitlichen Veränderungen gäbe. Und was die Mangelerscheinungen des negativen Zeitniveaus betrifft, so sind uns diese durchaus bewußt. Sie offenbaren sich in unserem Bewußtsein als permanenter Durst nach ewiger Existenz, als unbändiger Wille, nicht zeitlich zu sein, nicht zu sterben, ewig zu leben, ewig existent zu sein. Eine Sehnsucht übrigens, die sich in allen unseren Religionen niederschlägt und in diesen – mehr oder weniger plausibel – auch mit Erfüllung bedacht wird. Doch der Wille, der uns mit seinem Drang nach einem immer besseren, immer qualitätsreicheren Leben unablässig in der Zeit vorantreibt, ist blind – oder richtiger – uneinsichtig. Sein Ziel, unser Leben zu erhalten, auf daß es ewig im Plus verbleibe, ist nicht erreichbar, denn je höher unsere positiven Qualitäten werden, um so tiefer wird das Negativniveau und um so stärker der darin wirksame Wille, noch mehr in der Zeit zu erreichen. Je mehr wir aber in der Zeit-Dimension erreichen, um so zeitlicher wird unsere Existenzform, da wir uns ja mit der zunehmenden Erhöhung des Zeitniveaus mehr und mehr von der Nullebene und d. h. mehr und mehr von der Zeitlosigkeit entfernen. Beides gleichzeitig zu sein, sowohl zeitlos ewig als auch zeitlich zu sein, das ist unmöglich. Das heißt jedoch nicht, daß unsere Sehnsucht nach einer ewigen Existenz unerfüllbar wäre; sie ist nur nicht so erfüllbar, wie wir uns das widersinnigerweise wünschen, wenn wir in der einmal erreichten zeitlichen Daseinsform ewig existent sein möchten, denn das eine schließt das andere sowohl logisch als auch physikalisch aus. Was jedoch nicht gleichzeitig möglich ist, das ist zwingend nacheinander erreichbar, nämlich im Wechsel von zeitlicher und zeitloser Daseinsform. Dieser Wechsel kann natürlich nicht in dem Sinne als Seelenwanderung bezeichnet werden, wie dieser Begriff von ebenso tumben wie unredlichen Leuten mißbraucht wird, die mit der unseriösen Behauptung auftreten, sich an ein vergangenes Leben zu erinnern. Die eigenschaftslose Zustandsform in der Zeitlosigkeit ist so unbedingt alles zeitlich Dagewesene, alle Eigenschaften und qualitativen Errungenschaften auslöschend!, daß dergleichen Behauptungen nur als Humbug bezeichnet werden können. Schließlich muß bei jedem Wechsel von der Zeit in die Zeitlosigkeit – da es sich bei diesem Vorgang um den Prozeß des Vergehens handelt – alles Zeitliche verschwinden, und dazu gehört erst recht das Erinnerungsvermögen tumber Tröpfe. Die zeitlose Zustandsform des niveaulosen Urgrundes wird ja doch erst dann erreicht, wenn wir bereit oder gezwungen sind, das in der Zeit erlangte Plusniveau vollständig aufzugeben, um das gleichfalls angesammelte Minuskonto auszugleichen. Erst wenn dies geschehen ist, dann ist endlich auch der Durst nach ewiger Existenz gestillt, weil eben dieser Zustand – Unsterblichkeit und ewiges Dasein – erreicht ist. Um welche Zustandsform es sich dabei handeln müßte, ist nicht schwer herauszufinden, denn wir besitzen schon jetzt in unserer zeitlichen Existenzform etwas, von dem wir sagen können, daß es in der Zeit Null und folglich zeitlos existent ist.

Viele Menschen fürchten, daß mit dem Tode ihre ganze Existenz vorbei ist. Sie glauben, daß mit dem Ende des Körpers – hier hat das 3dimensionale Weltbild ganze Arbeit geleistet! – jedwede Daseinsform für sie beendet ist. Dem aber ist nicht so und kann auch nicht so sein, denn wir tragen in uns eine Existenzgröße, die unverlierbar ist, weil sie zeitlos ist; das ist unsere Gegenwart, unser gegenwärtig sein. Die Gegenwart nämlich ist die Null, die allem, was da existiert, zugrunde liegt, denn mehr als Null sein heißt ja doch in jedem Falle *auch Null sein*! Schließlich lagert das Plusniveau (anschaulich ausgedrückt: der Zeit-Berg, der unsere Ich-Empfindung verursacht) auf der Nullebene. Und weil das so ist, wird uns die niveaulose Grundlage unserer qualitativen Existenz zeitlebens als Gegenwarts-Empfindung bewußt. Nur eines verspüren wir dabei nicht und wissen es deshalb auch nicht aus Erfahrung, daß unsere Gegenwart nichts mehr und nichts anderes ist als Null! Sie ist selbstverständlich keine fiktive Null, denn eine Fiktion könnten wir nicht permanent als eine grundlegende Zustandsform unserer Existenz empfinden. Daß unsere Gegenwart, obwohl für uns spürbar wirklich, nichts weiter als Null sein kann, geht aus dem Tatbestand hervor, daß sie in der Zeit-Dimension genau da liegt, wo in der Mathematik die Null liegt, nämlich zwischen Plus und Minus. Das wird deutlich, wenn wir die in unserem Sprachgebrauch üblichen Zeitbegriffe wie Zukunft und Vergangenheit einmal mit einem mathematischen Vorzeichen versehen. Entschließen wir uns, die Zeitereignisse, die unsere Gegenwart bereits passiert haben, die also in unserem Gedächtnis als Vergangenheit gespeichert sind, mit einem positiven Vorzeichen zu versehen, dann müssen wir die Ereignisse, die noch vor unserer Gegenwartsschwelle liegen – weil sie ja noch Zukunft bzw. ungeschehen sind – mit einem negativen Vorzeichen versehen. Folglich ist die Gegenwart, da sie weder in der Zukunft noch in der Vergangenheit, sondern wie die Null unverrückbar zwischen Plus und Minus liegt, eine mit der Null gleichzusetzende Größe. Ein weiteres Indiz für das Nullniveau unserer Gegenwart in der Zeit-Dimension ist die Tatsache, daß sie notwendig eine zeitlose Größe sein muß. Wenn wir nämlich unsere Gegenwart etwas genauer ins Auge fassen, werden wir feststellen, daß sie – obwohl in der Zeit existent – den zeitlichen Ereignissen nicht unterworfen ist. Sie befindet sich unverändert gleichbleibend zwischen Zukunft und Vergangenheit. Während der Strom der Ereignisse unaufhaltsam von der Zukunft über die Gegenwart in die Vergangenheit eilt, bleibt unsere Gegenwart immer an der Schwelle zwischen Zukunft und Vergangenheit. Wir finden sie niemals in der Zukunft, und sie wird niemals zur Vergangenheit. Folglich ist sie keine vergängliche Größe. Was immer auch das sein mag, was uns die Empfindung der Gegenwart, das Gefühl des Daseins vermittelt, eines können wir mit Bestimmtheit sagen: Es ist unsterblich, es ist zeitlos, es ist Null. Daraus wiederum folgt: Es ist die Gegenwart, die wir als eine unverlierbare Naturgröße in uns tragen; es ist unsere eigene Gegenwart, die beim Wechsel von der Zeit in die Zeitlosigkeit immerzu erhalten bleibt. Diese Erkenntnis wiederum macht es möglich, daß wir uns unter dem zeitlosen Urgrund der Natur etwas vorstellen können, nämlich ewige Gegenwart.

Geradezu selbstverständlich wird jetzt auch der Tatbestand, warum niemand von der Gegenwart sagen kann, was sie physikalisch ist. Eine im zeitlosen Zustand völlig eigenschaftslose Existenzform läßt sich nur so beschreiben, wie das bereits die indischen Philosophen, die buddhistischen Mönche taten, nämlich durch die Verneinung aller qualitativen Erscheinungsformen und zwar in der Weise: „Es ist nichts im Sinne von Materie, es ist nichts im Sinne von Energie, es ist nichts im Sinne von Kraft, usw. usw." Und weil sie im Urzustand eigenschaftslos ist, kann die Gegenwart nur etwas Immaterielles sein. Wenn der Begriff der Seele nicht durch einige fragwürdige Spekulationen und Falschaussagen vorbelastet wäre, dann wäre er – was die Unsterblichkeit und die nicht materielle Existenzform betrifft – auf unsere Gegenwart bzw. auf ihr zeitloses Nullniveau voll anwendbar. Was wiederum den Schluß zuläßt, daß die Mystiker, die von einem beseelten Urgrund gesprochen haben, aus dem alle wahrnehmbaren Dinge dieser Welt entstehen und in den sie wieder zurückkehren, keine religiösen Spinner, sondern Philosophen waren, die über die 4dimensionale Raum-Zeit-Welt etwas gewußt haben, das quantitativ nicht meßbar, aber doch irgendwie erfahrbar ist. Ihr Blick in die 4. Richtung scheint ganz offensichtlich eine tiefergehende Kenntnis über die Natur erbracht zu haben, als das mit noch so komplizierten, leider aber immer nur von außen erfolgenden, quantitativen Meßmethoden möglich ist. Der in der Zeit niveaulose Urgrund hat ja – wie bereits erwähnt – eine völlig andere Realität als die räumlich wahrnehmbaren Dinge. Er ist auf einer höheren, auf einer nicht räumlich er-

fahrbaren Ebene real, so daß es gar keine andere Möglichkeit gibt, den Urgrund der Natur zu erfassen als eben die, sich auf das zu konzentrieren, was in der eigenen, nicht räumlichen Richtung, in der eigenen Zeitprojektion wirklich ist.
Daß die Null, bzw. die zeitlose Gegenwart aller Dinge, nichts Materielles sein kann, das ist eigentlich selbstverständlich, denn eine Existenzform, die im zeitlosen Zustand keine physikalischen Eigenschaften hat, ist physikalisch gesehen nichts und kann demzufolge auch nichts räumlich Faßbares, nichts räumlich Feststellbares sein. Der in der Zeit niveaulose Urgrund der Natur, die zeitlose Daseinsform aller Dinge, die ewige Gegenwart, das NICHTS muß also zwingend eine immaterielle, eine beseelte Zustandsform sein, und das heißt: Sie muß die zeitlos ewige Seele der Welt sein! Was immer auch 3dimensional faßlich über die zeitlosen Grundlagen der Welt ausgesagt worden ist, der Urgrund kann – wenn unsere Welt eine 4dimensionale Raum-Zeit-Welt ist – keine tote Ursubstanz, keine ewig unvergängliche Energie-Eigenschaft sein; er muß aus logisch zwingenden Gründen etwas im Sinne der großen Philosophen Indiens, nämlich die Weltseele, das Brahman des Urbuddhismus sein, aus dem alles Zeitliche hervorgeht und in das alle Dinge der Welt wieder zurückkehren.
Wir haben berechtigte Gründe, nicht alles zu glauben, was von der Physik als empirisch gesichert angesehen wird, denn in ihrem Weltbild werden qualitative Prozesse und Sachverhalte grundsätzlich quantitativ interpretiert. Auf diese Weise verschwinden alle in der Zeit-Dimension realen Tatbestände und damit alle qualitativen Naturvorgänge von der wissenschaftlich realen Bildfläche. Folglich gilt im Weltbild der Physik nach wie vor der fragwürdige Grundsatz, daß aus Nichts nichts werden könne und im Gefolge dieses Irrtums die Überzeugung, daß die Null physikalisch nicht erreichbar sei. Eingebunden in diese ausschließlich quantitativ begründete Wissenschaftswelt

ist es heute gar nicht so einfach, sich von den geistigen Hemmnissen und Verkrustungen dieser 3dimensionalen Naturinterpretation zu lösen. Gelingt es uns jedoch, zu diesem Weltbild der ewig toten Urenergie Distanz zu gewinnen, dann öffnet sich fast automatisch der Blick für den Prozeß des Entstehens und Vergehens in der Natur, dem alles und jedes unterworfen ist. Hat sich aber dann die Einsicht durchgesetzt, daß der Prozeß des Entstehens und Vergehens das A und O aller qualitativen Erscheinungsformen ist, taucht sogleich die Frage auf: „WIE verläuft denn dieser Prozeß, den die Naturwissenschaftler nicht im Repertoire haben; WIE also ist denn die Null erreichbar?"
Und genau das war die alles entscheidende Frage, die mich seinerzeit zur Mystik brachte, da sie ohne das Wagnis, in die eigene Projektion zu schauen, nicht zu ergründen war.

Meditationen über Wille und Ich-Bewußtsein

Ob wir nach dem Sinn des Lebens fragen oder ob wir wissen wollen, woher wir kommen und wohin wir gehen in der Zeit; ob wir uns die Frage stellen, warum existiert die Welt, warum existiere ich, oder ob wir wissen wollen, was uns nach dem Tode erwartet; alle unsere Bemühungen, auf diese Fragen eine Antwort zu finden, setzen eines voraus, die Kenntnis der Vorgänge in der Zeit-Dimension. Um die Hintergründe unserer zeitlichen Existenz zu erfassen, müssen wir ja doch zuvor erst einmal wissen, was in der Zeit-Dimension überhaupt geschieht. Wer diese Zeit-Dimension für eine fiktive Strecke hält, weil sie nicht räumlich darstellbar, nicht 3dimensional erfaßbar ist, der hat gar keine Chance, dergleichen Fragen jemals beantworten zu können. Ist er trotzdem in Physik, Philosophie und Religion um Antworten bemüht, dürfen wir getrost davon ausgehen, daß seine Aussagen über die zeitlichen Ursachen und Hintergründe der Welt nicht auf Sachkenntnis beruhen. Schließlich muß, wer über Zeitvorgänge Auskunft geben will, zuvor die Zeit begriffen, muß sie als Realität erkannt haben! Und für uns als Antwortsuchende heißt das, wir müssen wissen, WIE der Prozeß des Entstehens und Vergehens in der Zeit-Dimension vor sich geht. Wie er nicht vor sich geht, das ist uns zur Genüge bekannt. Er ist aus ebenso logisch zwingenden, wie empirisch gesicherten Gründen kein quantitativer Prozeß, was mit anderen Worten heißt: Er findet nicht im Sinne der uns geläufigen quantitativen Naturprozesse, nicht nach den logischen Gesetzen der Arithmetik statt, da er nicht durch Summierung oder Teilung, nicht durch Aufnehmen oder Abgeben, nicht durch Übertragung oder Umwandlung erfolgt. Schließlich handelt es sich nicht um Veränderungen innerhalb einer Menge, innerhalb einer

Quantität, sondern um Vorgänge innerhalb einer reinen Qualität.
Dies alles war mir bekannt, als ich mich seinerzeit – von den Aussagen der Philosophen und dem Weltbild der Physik gleichermaßen enttäuscht – auf den Weg machte, die Antwort auf meine Fragen selbst herauszufinden. Da ich den Eindruck gewonnen hatte, daß die Philosophie-Professoren dem Sinn und Zweck allen Lebens nur deshalb nicht auf die Spur gekommen waren, weil sie dem Prozeß des Entstehens und Vergehens in der Zeit zu wenig oder – wie die Physik-Professoren – gar keine Bedeutung beigemessen hatten, war ich zunächst natürlich daran interessiert, die Kardinalfrage aller zeitlichen Existenz zu lösen, nämlich die Frage: „Wie verläuft der Prozeß des Entstehens und Vergehens überhaupt, bzw. durch welchen Vorgang ist die Null erreichbar?" Nun sollte man meinen, daß die anstehende Frage durch Nachdenken leicht zu ergründen ist, zumal bei allen Überlegungen die hinlänglich bekannten, quantitativen Veränderungsprozesse auszuschließen sind. Aber eben das erwies sich als äußerst schwierig, denn so sehr ich mich auch bemühte, das durch Schule und Elternhaus mir anerzogene, quantitative Denken auszuschalten, es gelang mir nicht. Von welcher Seite ich auch immer das Problem anging, jede Idee, jede Überlegung erwies sich bei näherer Betrachtung als ausschließlich quantitativ begründet. Meine Gedanken bewegten sich im Kreis. Als mir dies bewußt wurde, war mir sogleich auch klar – schließlich ging es ja um die Frage: „WIE verläuft der Prozeß des Entstehens und Vergehens?" –, daß diese Frage möglicherweise gar nicht durch Nachdenken, sondern nur empirisch und also nur durch Erfahrung zu lösen ist. Wie aber sollte ich erfahren, was durch Messen, Zählen und Wiegen nicht erfahrbar ist? Und ich wollte schon resignieren, als mir plötzlich der rettende Einfall kam. Aus Schriften über den Urbuddhismus wußte ich, daß im alten Indien einige Philosophen und Mönche davon gesprochen haben, daß sie das Nichts aus

Erfahrung kannten. Ganz besonders in Erinnerung war mir ein Mönchsbrevier, in welchem buddhistische Mönche über die 4 Stufen der Versenkung berichtet hatten, wobei die letzte Stufe der Versenkung etwa so beschrieben war – ich zitiere aus dem Gedächtnis –: „Der Mönch erkennt das Nichts, fühlt sich eins mit dem Nichts und erkennt sich selbst als Nichts." Und so war mein Gedanke, die alles entscheidende Frage vielleicht doch noch zu lösen, plötzlich der: Wenn es mir gelingt, die Versenkung der indischen Mönche nachzuvollziehen, dann werde ich ja aller Wahrscheinlichkeit nach – wie die Mönche – das Nichts in Erfahrung bringen können. Ist das Nichts für mich erfahrbar, dann weiß ich zumindest, wie der Prozeß des Vergehens vor sich geht, denn dieser muß ja nach Null hin aufgehen, und den Prozeß des Entstehens kann ich dann möglicherweise – falls er nicht erfahrbar ist – durch einen Rückschluß erfassen. So dachte ich und begann mit meinen geistigen Exerzitien, denn was zu tun war, darüber hatten die Mönche in der 1. Stufe zur Versenkung ausführlich berichtet. Diese Stufe ist eine reine Meditationsstufe, die der geistigen Vorbereitung dient, den Weg nach innen zu suchen und zu finden. In dieser Vorstufe zur Versenkung geht es darum, durch intensives und unablässiges Nachdenken eine außerordentlich starke geistige Konzentration zu erlangen, die die Vorbedingung dafür ist, die 2. Stufe – das Versenkungserlebnis als solches – überhaupt erreichen zu können. Sowohl die starke Konzentration als auch ihre Ausrichtung auf das geistige Zentrum gelingt am besten, wenn man über sich selbst, über die eigene Existenzform nachdenkt. Schließlich muß man den Weg in die Zeitprojektion, den Weg in die zeitliche Wahrheit des eigenen Seins ja bei sich selber suchen und finden.

Um den Nullpunkt, den ich bis dahin lediglich als Gegenwart bezeichnet hatte, meinem Bewußtsein zugänglich zu machen, mußte ich mich zunächst einmal mit dem Bewußtsein als solchem befassen. Dabei wurde mir klar, daß unser Bewußtsein ein rein passives ist, d. h. es reagiert auf Eindrücke oder Reize, die an unser Gehirn herangetragen werden; es erzeugt diese Reize nicht und ist daher nicht aktiv, sondern nur passiv an unseren Bewußtseinsinhalten beteiligt. Mit anderen Worten: Wir haben kein Bewußtsein vom Bewußtsein, unsere Bewußtseinsinhalte werden von etwas erzeugt oder verursacht, das außerhalb unseres Bewußtseins vor sich geht. So werden z.B. unsere Sinnesorgane von Reizen aus der Umwelt getroffen, die – an das Gehirn weitergeleitet – uns den Bewußtseinsinhalt Ton, Farbe, Geruch usw. vermitteln. Darüber hinaus gibt es natürlich auch Ereignisse in unserem Körper, die – an das Bewußtsein bzw. an das Gehirn herangetragen – uns die Bewußtseinsinhalte von Schmerz oder Lust usw. vermitteln. Immer aber ist der Verursacher des Bewußtseinsinhaltes nicht unser Gehirn, sondern ein Reiz oder Vorgang, der von unserem Gehirn passiv wahrgenommen bzw. reflektiert wird. Würden wir jetzt in unserem Bewußtsein einen Bewußtseinsinhalt vorfinden, der zwingend keine körperliche Ursache hat – der also nicht als Schmerz oder Lust oder ähnliches empfunden wird, aber auch nicht als Ton oder Farbe usw. wahrnehmbar ist –, der also ebenso zwingend wie nachweislich nicht von außen an unser Gehirn bzw. an unser Bewußtsein herangetragen wurde, dann muß es sich hier um einen Bewußtseinsinhalt handeln, der von innen, und d. h. in diesem Falle auf eine nicht körperliche Weise, in unser Gehirn gelangt ist. Und einen solchen, zwingend nicht von außen kommenden Bewußtseinsinhalt haben wir ununterbrochen in uns; wir haben nämlich ein unser ganzes Sein und Handeln bestimmendes *Ich-Bewußtsein*. Dieses *Ich*, das uns als Persönlichkeits-Empfindung den Eindruck vermittelt, der zentrale Mittelpunkt in Raum und Zeit zu sein, kommt nachweislich nicht durch die Reflektion körperlicher Reizvorgänge zustande, hat also keine körperlichen Ursachen. Ein Tatbestand übrigens, der uns sehr wohl bewußt ist, da wir unser *Ich* zu keinem Zeitpunkt als eine irgendwie von unserem Körper verur-

sachte Eigenschaft erfahren, sondern es vielmehr als ein den Körperfunktionen übergeordnetes Seinszentrum empfinden. Und da jeder Bewußtseinsinhalt etwas voraussetzt, das ihn erzeugt, muß es in uns ein nicht körperliches Zentralniveau geben, das unsere Ich-Empfindung verursacht. Und aus eben diesem Grunde dürfen wir mit einiger Sicherheit annehmen, daß die uns als Gegenwart bewußt werdende Zeitebene etwas in sich birgt, das in unserem Gehirn den Bewußtseinsinhalt, etwas Persönliches und also ein *Ich* zu sein, aktiv verursacht. Und da mit gleicher Sicherheit angenommen werden kann, daß dieses, die Ich-Empfindung verursachende, gewisse Etwas unser in der Zeit-Dimension gewonnenes, positives Qualitätsniveau ist, schließt sich der Kreis unserer Überlegungen. Wenn wir nämlich nicht nur räumlich-körperliche, nicht nur 3dimensional existente Wesen sind, sondern über die körperlichen Funktionen hinaus noch mit einem Zeitniveau versehen sind, dann müssen wir in unserer Zeitprojektion, d. h. also in der nicht-räumlichen Richtung unseres Innern, sowohl mit einem positiven, als auch mit einem negativen Qualitätsniveau ausgestattet sein. Daß dies der Fall ist, wird klar, wenn wir folgendes bedenken.
Wie unsere Gegenwart, so ist auch unser Wille nichts körperlich Faßbares; wir spüren nur, daß wir ihn haben, nicht aber, was er ist und wo er herkommt. Wenn wir auch immer wieder feststellen, daß er eine, die Körperfunktionen beherrschende und somit über ihnen stehende Kraft sein muß, so bleibt seine Herkunft bzw. seine eigentliche Ursache für uns völlig im dunkeln. Eine Funktion aber wird uns im Verlauf unseres Lebens ständig bewußt und zwar diese, daß er *die* Kraft sein muß, die uns in der Zeit unablässig vorantreibt. Folglich muß er eine an die Zeit gekoppelte, eine in der Zeit wirksame Eigenschaft sein. Ist unser Wille nach immer höheren, immer besseren Daseinsformen in der Zeit – wie an anderer Stelle bereits erörtert – Ausdruck eines negativen Zeitniveaus, dann wird auch klar, warum er in Herkunft und Ursache für uns

nicht identifizierbar ist: Sein Qualitätsniveau liegt unterhalb Null, was also sollten wir daran körperlich feststellen, was daran wahrnehmen können? Ist aber unser Lebenswille Ausdruck einer negativen und unsere Ich-Empfindung Ausdruck einer positiven Daseinsqualität in der Zeit-Dimension, dann können wir das in unserer Projektion wirksame Ich-Wille- bzw. Plus-Minus-Niveau ganz allgemein als Zeitwelle bezeichnen, auch wenn zunächst noch nicht ersichtlich ist, wie diese 4dimensionale Raum-Zeit-Welle funktioniert.

Genau das aber wollte ich wissen, als ich seinerzeit durch intensives Nachdenken die für die Versenkung notwendige geistige Konzentration erreicht hatte. Ich wollte wissen, was das ist und wie das funktioniert, das da in mir sagt: „Ich bin bzw. Ich will." Da ich bei meinen Überlegungen zudem den Eindruck gewonnen hatte, daß der Wille in seiner existenzerhaltenden und existenzbejahenden Funktion auf dieses Ich gerichtet ist, machte ich den Versuch, durch eine ganz besonders starke Willensanspannung „das Tor nach innen" zu öffnen. Das jedoch gelang mir nicht sofort, denn irgend etwas in mir sträubte sich gegen diesen Selbstversuch. Ein tieferes, mir bis dahin unbekanntes Wissen hemmte meinen Schritt nach innen, denn ich spürte irgendwie, daß dieser Schritt gegen mein eigenes Ich und in letzter Konsequenz auch gegen meinen Lebenswillen gerichtet war. Auch wenn mir zu diesem Zeitpunkt die, den inneren Widerstand auslösende Ursache völlig unklar blieb, so mußte ich doch darüber nachdenken, ob ich bereit war, einen so hohen Preis für die Erkenntnis meines Ichs zu zahlen. Ich war bereit, denn ich überlegte mir folgendes: Gesetzt den Fall, ich riskiere bei dieser Ich-Erfahrung mein Ich, meinen Willen und damit möglicherweise sogar mein Leben, dann riskiere ich dies alles ja doch für die allergrößte und allerletzte Erkenntnis, die ein Mensch auf dieser Erde überhaupt erlangen kann, für die Erkenntnis des eigenen zeitlichen Seins. Selbst wenn mich dieser Schritt nach innen

das Leben kosten sollte – dachte ich –, dann ist dieser „unnatürliche Tod“ ja doch dem natürlichen Tode vorzuziehen, da er anders als der normale, mir die einmalige Chance bietet, das Woher und Warum meiner zeitlichen Existenz bewußt zu erfassen. Und da das Wissen um das eigene Ich gar nicht anders zu erlangen ist, als eben nur durch diesen „Blick nach innen“, als eben nur durch die Versenkung, tat ich den riskanten Schritt, ohne an das Leben noch einen einzigen Gedanken zu verschwenden. Und urplötzlich ging das Tor zur Welt, das bis dahin immer nur nach außen aufgegangen war, nach innen auf!
Was ich dann erfuhr, was ich sah, war ein so unerhört großartiger, ein so unglaublicher Vorgang, daß ich sehr gut verstehe, warum die Mystiker – und das gilt insbesondere für die christlichen – so wenig Zeit darauf verwendet haben, den Erfahrungsvorgang im einzelnen zu schildern und soviel Mühe darauf verwendet haben, das zuletzt Geschaute wortreich zu erklären. Sie haben offenkundig die Erfahrung des zeitlichen Urgrundes als solchen für faszinierender gehalten, als die Umstände, die zu dieser Erfahrung führten. Was den chronologischen Ablauf der Versenkung betrifft, gibt es allerdings auch in meiner Beschreibung noch erhebliche Lücken. Deshalb möchte ich im folgenden Kapitel die 3 weiteren Stufen der Versenkung, als da sind:

2. Stufe: Der Durchbruch in die Zeiterfahrung gelingt und erweckt im Betrachter eine ungeheure Erkenntnisfreude,
3. Stufe: Die Erkenntnisfreude klingt ab und macht einem reinen Beschauen Platz,
4. Stufe: Der Betrachter erkennt den niveaulosen Urgrund und fühlt sich eins damit,

etwas ausführlicher kommentieren, als das bisher in der Mystik geschehen ist. Wenn ich dabei auf jedes religiöse Beiwerk verzichte, dann deshalb, weil ich vermute, daß wir durch den Abbau quantitativer Vorurteile durchaus in der Lage sind, 4dimensionale Qualitätsprozesse rein logisch zu erfassen.

Versenkung

Um das außergewöhnliche Ereignis zu verstehen, das in der 2. Stufe der Versenkung, also beim eigentlichen Eintritt in die Schau nach innen den Betrachter fasziniert, ist es notwendig zu wissen, was die vorangegangene 1. Stufe der Versenkung, die Meditation erbracht hat. Sie hat, wenn die meditative Vorbereitung erfolgreich verlaufen ist, nicht nur eine außerordentlich starke geistige Konzentration erbracht, sie hat auch die Wahrnehmungsfähigkeit des Gehirns für die Ich-Wille-Beziehung sensibilisiert. Das intensive Nachdenken nämlich hat dazu geführt, daß das Gehirn in seiner Aufnahmefähigkeit nach außen hin völlig abgeschottet worden ist, was die Voraussetzung dafür ist, innere Eindrücke überhaupt erst wahrnehmen zu können. Ist dieser geistige Zustand erst einmal erreicht, dann wird die außerordentliche Kraft des Willens geradezu spürbar, und es bedarf nur noch einer verstärkten Anspannung des Willens, um die zu Recht als Erleuchtung bezeichnete Erfahrung zu machen. Die Forcierung der Konzentration hat jedoch nicht nur zu einer Verstärkung des Willens geführt, sie hat auch zu einer Komprimierung dessen geführt, worauf der Wille gerichtet ist. Wird die Komprimierung des Ichzentrums jetzt bewußt gesteigert – und das geschieht, wenn der Wille, das eigene Ich in Erfahrung zu bringen, stärker wird, als der Wille zu leben –, dann führt dies zu einer so starken Kontraktion des Ichniveaus im Zentrum des Willens, daß der bis dahin stabile Zustand des Plus-Minus-Niveaus instabil wird. Die Folge davon ist, daß der durch die Überkontraktion fast zum Punkt gewordene positive Niveauinhalt des Ichs urplötzlich aufbricht und überquellend auseinanderfließt. Der Vorgang ist präzise ausgedrückt etwa folgender: Während das Ichzentrum räumlich kleiner wird und – auf räumlich Null zugehend – fast

zum Punkt wird, wächst sein Niveau in der Zeit-Dimension – und damit auch die Ich-Wille-Empfindung – auf Unendlich zu. Da aber diese Existenzform des Raum-Zeit-Kontinuums unhaltbar ist, denn sie ist die zeitlichste aller zeitlichen Zustandsformen, kippt der durch Kontraktion räumlich an die Schwelle von Null, und was den Niveauinhalt betrifft, an die Grenze von Unendlich gelangte Vorgang um, so daß auf den Prozeß der Kontraktion notwendig die Expansion des positiven Zeitniveaus folgt. Und in dem Moment, wenn der in sich selber übervoll gewordene Mittelpunkt überschwappt und expandierend auseinanderfließt, in dem Moment beginnt die Schau, denn nur mit der Expansion des Plusniveaus sind Vorgänge verbunden, die unser Bewußtsein wahrzunehmen imstande ist. Dies einfach deshalb, weil unser Wahrnehmungsvermögen einseitig auf die Erfahrung des positiv Wirklichen beschränkt ist und demzufolge nur Vorgänge wahrnehmen kann, die im Plusbereich stattfinden. Die hier geschilderten Tatbestände waren mir vor dem alles entscheidenden Schritt jedoch nur zum Teil, einige gar nicht bekannt. Aber die Schilderung der Begleitumstände trägt vielleicht ein wenig dazu bei, den unserer Vorstellung bisher unzugänglichen, 4dimensionalen Vorgang der Qualitätszu- und Qualitätsabnahme anschaulich zu erfassen.
Die Schau selbst erfolgt – wie gesagt – ganz plötzlich und ist zunächst von einer kaum beschreibbaren, überschwenglichen Erkenntnisfreude begleitet, die aus der inneren Gewißheit resultiert, das Existenzprinzip der Welt zu erfahren. Im sichtbaren Bereich beginnt die Versenkung damit, daß der Betrachter in der Tiefe einer kosmischen, dunklen Leere, die als ein Niveauloch in dem Sinne „hier fehlt etwas" identifiziert wird, ein in seinem Energiereichtum unendlich erscheinendes Strahlungszentrum erkennt, das als Niveaufülle in dem Sinne „hier ist viel zu viel" verstanden wird. Von dem komprimierten Energiezentrum am tiefsten Punkt der Leere geht eine ge-

radezu überquellende Lichterfülle aus, die dazu dient, den auf das Energiezentrum gerichteten Willensdruck der Leere abzubauen. Verursacht wird die Strahlung – die zunächst sehr stark ist, dann aber immer schwächer werdend das Blickfeld verläßt – durch die Expansion des Energieniveaus im Zentrum, denn dieses dehnt sich räumlich aus und wächst dabei sichtbar auf den Betrachter zu. Gleichlaufend mit der räumlichen Ausbreitung, der Expansion des Energiezentrums ist sein Inhalt zunächst sehr stark, dann jedoch – mit zunehmender Ausdehnung – schwächer werdend in sich selbst bewegt. Die Bewegungen innerhalb des expandierenden Plusniveaus sind im einzelnen jedoch nicht auszumachen. Der Inhalt scheint irgendwie bewegt und doch nicht bewegt zu sein, so als ob die Bewegung im Innern nicht in einer räumlichen Richtung, sondern in einer anderen, in einer nicht wahrnehmbaren Richtung vor sich ginge. Es entsteht der Eindruck, als würde das Energiezentrum – während es expandiert – ständig in sich selber überfließen, etwa so, wie im „Römischen Brunnen" des Dichters Conrad Ferdinand Meyer (1825 – 1898) – natürlich nur 3dimensional – geschildert:

„Aufsteigt der Strahl und fallend gießt
er voll der Marmorschale Rund,
die, sich verschleiernd, überfließt
in einer zweiten Schale Grund.
Die zweite gibt, sie wird zu reich,
der dritten wallend ihre Flut,
und jede nimmt und gibt zugleich
und strömt und ruht."

Von ganz besonderer Faszination war dabei der Eindruck, im kleinen, gewissermaßen im Zeitraffertempo, einen Naturprozeß zu betrachten, der bei einer kosmischen Sonne viele Jahrmilliarden andauert. Und in eben diesem Zusammenhang wurde mir auch der Kontinuums-Charakter des Geschehens bewußt, da die Abhängigkeit des Energieniveaus von seiner räumlichen Ausdehnung unübersehbar war. Denn: Je kleiner das positiv wirkliche Qualitätsniveau in seinen räumlichen Ausmaßen war, um so höher war sein Energiepotential, und je mehr es räumlich wuchs, um so geringer wurde sein Energieniveau. Das aber ist ein Sachverhalt, der den Schluß zuläßt, daß die räumliche Ausdehnung und das damit verbundene Zeitniveau konsequent voneinander abhängige Größen und folglich ein 4dimensionales Raum-Zeit-Kontinuum sind. Doch zurück zum eigentlichen Thema.

Irgendwann wuchs das immer geringer werdende Plusniveau über meinen Gesichtskreis hinaus, so daß ich mich unversehens im Innern der sich weiterhin ausbreitenden Energiekugel befand. Die überschwengliche Erkenntnisfreude war inzwischen verebbt und hatte einem reinen Beschauen bzw. der Einstellung Platz gemacht, lediglich der interessierte Betrachter eines irgendwie kosmischen Vorgangs zu sein. Mein Blick war jetzt allein auf den Inhalt der immer noch wachsenden Niveaukugel gerichtet. Daß sie weiterhin wuchs, war an ihrer ständig schwächer werdenden Leuchtkraft zu erkennen; aber auch daran, daß ihr Inhalt noch in geringer, wenn auch undefinierbarer Bewegung war. Als ich den Inhalt dann genauer betrachtete, stellte ich mit Erstaunen fest, daß er aus unendlich vielen, winzigst kleinen, sich gleichfalls räumlich ausdehnenden Energiepunkten bestand, die die Expansion des gesamten Inhaltes dadurch zustande brachten, daß sich jeder der Punkte von jedem Punkt ein klein wenig entfernte und zwar jeweils um soviel, wie das einzelne Kleinstenergiezentrum zu seiner eigenen, expansiven Ausbreitung an leerem Raum benötigte. Da aber der Umfang der Kugel keineswegs so schnell zugenommen hatte, wie das der Fall hätte sein müssen, wenn es sich bei den Entfernungsvorgängen im Innern um echte Bewegungsvorgänge gehandelt hätte – diese sind quantitativ summierbar und addieren sich deshalb an der Peripherie –, erschien mir der betrachtete Expansionsvorgang irgendwie abstrakt.

Als mir später klar wurde, daß die so unerklärlich und seltsam erscheinende Bewegung „ jedes von jedem weg“ aus dem Niveauabfall in der Zeit-Dimension resultierte, begriff ich, daß es sich dabei schon rein geometrisch nicht um eine irgendwie räumlich vorstellbare oder quantitativ verständliche Bewegung gehandelt haben kann. Die Expansion war ja zwingend nicht durch eine Explosion verursacht worden – Explosionen sind rein quantitativ ablaufende Vorgänge und deshalb auch 3dimensional erfaßbar –; diese Expansion war durch den Abbau des Qualitätsniveaus in der Zeit-Dimension verursacht. Schließlich betrachtete ich einen Prozeß, der in der Projektion aller räumlichen Erscheinungsformen vor sich geht, den Prozeß des Vergehens einer Qualität, und auf diesen Prozeß sind unsere 3dimensional quantitativ entwickelten Bewegungsvorstellungen nicht anwendbar. Doch zurück zu den Ereignissen in der Versenkung selbst.
Mein Blick hatte sich inzwischen an das Expansionsgeschehen im Innern des sich ausbreitenden Qualitätsgebildes gewöhnt, als das Ganze plötzlich stoppte und die Expansion sowohl im einzelnen, als auch insgesamt abrupt beendet war. Was ich jetzt sah, das wäre mit der Bezeichnung „stehendes Licht“ eigentlich exakt beschrieben, wenn der Begriff „Licht“ in unserer Vorstellung nicht mit dem Begriff „Energie“ verknüpft wäre. Der Energiebegriff aber war und ist auf dieses Licht nicht anwendbar, denn die unsagbar vielen, winzigst kleinen, unteilbaren Zentren, die ich jetzt dicht an dicht vor mir und überall um mich herum sah, waren völlig energielos, völlig materielos, völlig qualitätslos. Sie hatten ihr Energie- bzw. ihr Plusniveau darauf verwendet, das in der Leere wirksame Negativniveau abzubauen und waren für mich nur deshalb noch erkennbar, weil sie *expansiv gerichtet* waren. Und eben diese expansive Ausrichtung war der Grund dafür, daß ich die winzigst kleinen, unteilbaren Einheiten als kleine Fünklein, als stehendes Licht wahrnehmen konnte. Aber auch der Begriff „Fünklein“ ist nur eingeschränkt

verwendbar, da es sich nicht um Licht verbreitende, sondern um unverändert gleich bleibende, nur expansiv gerichtete und daher stehende Fünklein gehandelt hat. Die Schwierigkeit besteht einfach darin, daß die aus unserer quantitativen Erfahrungswelt entlehnten Begriffe nicht ohne Einschränkung auf das in der letzten Stufe der Versenkung Geschaute anwendbar sind. Eines aber war mir beim Anblick der stehenden Fünklein sofort und so zwingend gewiß, daß es in jeder Faser meines Bewußtseins wiederklang: „Das ist das Nichts! Das also ist das Nichts der buddhistischen Mönche, das Nichts des Buddha Gautama!" Da mir diese Erkenntnis allein jedoch noch nicht ausreichend erschien, schaute ich mir die kleinen Fünklein etwas genauer an, um herauszufinden, was sie wohl im weitesten Sinne physikalisch oder zumindest doch existentiell sein könnten. Und während ich noch überlegte, ob sie vielleicht eine Art elektrische Ladung im Urzustand sein könnten, fühlte ich, daß das, was ich da mit einigem Abstand betrachtete, gar nichts Fremdes, sondern mein eigenes Ich in einer mir bis dahin nicht bekannten, eigenschaftslosen Zustandsform war. Meine Verblüffung, zweigeteilt zu sein in der Form: „Hier schaue ich und dort bin ich; an diesem Ort hier sehe und denke ich, und an ganz anderen Orten existiert mein Ich", ist kaum zu beschreiben. Erst jetzt begriff ich, daß das Energiegebilde, dessen Expansion ich mit so großem Interesse betrachtet hatte, mein eigenes Ich gewesen war. Besonders faszinierend und in höchstem Maße angenehm war dabei die Feststellung, daß dieses eigenschaftslose Ich eine Daseinsform ist, die losgelöst vom Körper existieren kann, denn daraus läßt sich unschwer folgern, daß unser aller Ich im niveaulosen Zustand getrennt vom Körper und also auch ohne Körper existieren kann. Und da ich mich in dem ganzen, eigenschaftslos gewordenen Fünkleinbereich gegenwärtig fühlte – denn aus dieser Tatsache schloß ich ja, daß dies alles mein eigenes, ehemaliges Ich ist –, erkannte ich, daß Gegenwart eine unzerstörbare Daseinsform ist. Das war

auch der Grund, warum ich nicht im geringsten betrübt darüber war, daß ich mein persönliches Ich durch Überkontraktion zerstört bzw. zu Null gemacht hatte, denn ich hatte es ja nicht verloren, sondern nur in seinen niveaulosen Urzustand zurückversetzt. Dieser jetzt erreichten, qualitätslosen Zustandsform fehlte natürlich all das, was mein Ich zuvor so persönlich, so dominant, so individuell gemacht hatte, ihr fehlte das Qualitätsniveau, denn eben diese – mein persönliches Ich ausmachenden – Individualqualitäten hatte ich bei der Expansion des Ichzentrums ins Geschäft gesteckt. Und das Geschäft war keineswegs ein Verlustgeschäft, denn die Aufgabe meiner Individualqualitäten hatte mir einen respektablen Gewinn eingebracht. Die erreichte Daseinsform war nämlich unvergänglich; sie war **zeitlos!** Als ich das begriff, als ich begriff, was Zeitlosigkeit wirklich ist und wie sie erreicht wird, da begriff ich plötzlich auch, was Zeit ist und was es heißt, zeitlich zu sein!
Ich begriff, daß alle qualitativen Zustandsformen in unserem Universum in der Zeit entstandene, in der Zeit entwickelte, in der Zeit veränderliche und deshalb vergängliche Erscheinungsformen sind. Ich begriff, daß es ganz unmöglich und auch völlig unsinnig ist, irgendeinen in der Zeit erreichten Qualitätszustand in die Zeitlosigkeit hinüberretten zu wollen, denn beide Zustandsformen schließen einander aus und dies einfach deshalb, weil die eine nur durch die Aufgabe der anderen erreichbar ist, denn die eine – die zeitlos ewige Existenz – kann nur durch die Aufgabe aller, in der Zeit erworbenen Qualitäten erreicht werden, und die andere – die zeitliche Individualexistenz – ist nur durch die Aufgabe der Zeitlosigkeit erreichbar. Zeitlos sein, das bedeutet ja doch rein logisch, ohne Zeit zu sein, und das wiederum heißt, daß man in der Zeit-Dimension kein Plus- und Minusniveau mehr hat und folglich in der Zeit-Dimension Null ist. Aus diesem Grunde muß jeder, der mehr als Null und also in der Zeit etwas sein will, auf die Niveaulosigkeit und das heißt auch

auf die Zeitlosigkeit seiner Existenz verzichten. Beides gleichzeitig, sowohl ein in der Zeit existentes, als auch ein der Zeit nicht unterworfenes Etwas zu sein, das ist ganz unmöglich! Und so begriff ich, daß die Zeit eine *universale Naturtatsache* ist, ohne die es die wahrnehmbare Welt überhaupt nicht gäbe. Ich begriff, daß das Zeitlichsein die unbedingte Notwendigkeit, die unabdingbare Voraussetzung aller qualitativen Erscheinungsformen, aller qualitativen Vorgänge, aller qualitativen Entfaltung ist, denn ohne Zeit – das erfuhr ich in der letzten Stufe der Versenkung zwingend – gibt es keine Veränderungen in der Natur, keinerlei Ereignisse, und das heißt im Klartext: Ohne Zeit keine lebendige Welt, und da die ganze Welt lebendig ist, heißt das auch, ohne Zeit keine Welt. Nur das Nichts, nur die niveaulose Gegenwart ist ohne Zeit existent.
Die zeitlose Zustandsform der Gegenwart ist zwar eine ereignislos passive, aber die Gewißheit, daß sie unvergänglich ist, daß man – hier angelangt – den Tod nicht mehr zu fürchten braucht, das macht die niveaulose Zustandsform jedem, der sie erreicht, angenehm erträglich. Die uns allen eigene Sehnsucht nach der Unsterblichkeit unserer Seele ist also nicht lediglich ein Wunschtraum, diese Sehnsucht ist erfüllbar. Allerdings nicht in der Weise, wie das so mancher, sein persönliches Ich überschätzender Mensch erhofft und erwartet. In der Zeitlosigkeit gibt es nun mal keine Individualexistenz, denn das in der Zeit erreichte Qualitätsniveau muß ja vollkommen aufgegeben werden, um den Zustand der Zeitlosigkeit zu erreichen. Deshalb ist die zeitlose Gegenwart mit der uns jetzt geläufigen, zeitlichen Form – die wir ja als eine Individualqualität, als unser ganz persönliches Ich empfinden – nicht zu vergleichen, denn das Ich ist eine durch Kontraktion nach innen, nämlich auf das eigene Selbst gerichtete Gegenwartsform, während die niveaulose Gegenwart nach außen, gewissermaßen auf das Du gerichtet ist. Anders ausgedrückt: Im niveaulosen Zustand sind die expansiv gerichteten, stehenen Seelenfünklein eine Gegen-

wartsform ohne jedwede Individualität. Erst durch ihre Richtungsänderung bzw. durch den Willen, mehr als Null zu sein, kommt es zur Kontraktion und damit zu diesem komprimierten Egozentrum, das wir als unser persönliches Ich empfinden. Wobei der auf das Ichzentrum gerichtete Wille uns das trügerische Gefühl vermittelt, der absolute Mittelpunkt der Welt, die zentrale Schaltstelle in der Zeit zu sein. Wird jetzt das in der Zeit erreichte Ichniveau und der darauf gerichtete Wille abgebaut, was durch Expansion geschieht – oder 3dimensional anschaulich ausgedrückt, durch die Überlagerung von Berg und Tal –, dann verschwindet mit dem Abbau des Willens auch das gewohnte Mittelpunktsempfinden und mit dem Abbau des Ichzentrums das Persönlichkeitsempfinden. Womit natürlich auch die geballte Aktivität des Ich-Wille-Niveaus verschwunden ist. Infolgedessen verschwindet auch die bei der Gattung Mensch in besonderem Maße hervortretende Eigenwertsempfindung, die sich in der Überzeugung manifestiert, ein ganz besonderes und außerordentlich wichtiges Lebewesen zu sein. Was expansiv gerichtet übrig bleibt, hat mit dem kontrahierten Mittelpunkt auch seine vermeintliche Wichtigkeit verloren, denn die Ichbezogenheit der zeitlichen Zustandsform ist im zeitlosen Zustand nicht nur völlig abgebaut, sie ist auch in ihr Gegenteil verkehrt. Wenn wir nämlich davon ausgehen, daß aus der kontraktiven Richtung, die ganz auf sich selbst, ganz auf den eigenen Mittelpunkt bezogene Ich-Empfindung resultiert, dann muß mit der expansiven Ausrichtung der Gegenwart eine völlig andere, eine gegensätzliche Daseinsform erreicht sein, denn was vom Zentrum weg nach außen gerichtet ist, das ist auf das niveaulose Umfeld außerhalb seiner selbst gerichtet. Und mit dieser, dem ganzen niveaulosen Umfeld zugewendeten, expansiven Ausrichtung ist eine Gegenwartsempfindung verbunden, die sehr wohl – wie das in der christlichen Mystik gelegentlich der Fall ist – als eine Allgegenwart interpretiert werden kann.

Einem Lebewesen, dessen ganzes Wollen und Streben auf das eigene Selbst ausgerichtet ist, mag der Gedanke einer gänzlich nach außen gerichteten Allgegenwart unplausibel erscheinen, aber er ist durchaus vertretbar, wenn wir folgendes bedenken: Mit dem Abbau ihres Plusniveaus hat die Gegenwart das Negativniveau wieder ausgefüllt, das sie bei ihrem Abgang in die Zeitlichkeit – im qualitätslosen Nichts – hinterlassen hat und so ist sie – nach Abschluß der Expansion – wieder eins mit dem Gesamtniveaulosen. Ist aber ein Teil des Ganzen wieder zurückgekehrt, dann ist das Ganze wieder ein Ganzes oder zumindest doch ein wenig ganzer als vordem. Schließlich sind alle Gegenwartsfünklein gleich gerichtet. Und so wird die „eigene" Gegenwart beim Eintritt in die Zeitlosigkeit zu einem ununterscheidbaren Bestandteil der Gesamtgegenwart, so daß gar keine Möglichkeit mehr besteht, zwischen Mein und Dein zu unterscheiden. Was letztlich dazu führt, daß sich der zurückgekehrte Teil des Ganzen wieder wie das Ganze fühlt, nämlich unendlich ausgedehnt und unbegrenzt gegenwärtig. Die zeitliche, die ichbetonte Gegenwart hat sich also in ihr Gegenteil, in eine zeitlose, dubetonte Allgegenwart verkehrt. Und da das Ganze in den Religionen mit einer Reihe göttlicher Attribute – wie das Absolute, das zeitlos Ewige, das wahre und allgegenwärtige Seiende usw. – belegt ist, kann die Vereinigung mit dem Ganzen – wie in der christlichen Mystik geschehen – auch als eine „Unio mystica", als eine Vereinigung mit Gott – oder richtiger – als die Einswerdung mit dem Göttlichen interpretiert werden. Daß die Einswerdung mit dem Unendlichen keineswegs eine religiöse Spekulation sein muß, sondern auch logisch zwingend vertretbar ist, das zeigt ein Beispiel aus der Mathematik. Halten wir uns nämlich an die logischen Gesetze der Mathematik, dann ist es ganz gleich, welchen positiven Wert wir durch Null teilen – ob groß oder klein –, das Resultat wird immer unendlich. Deshalb können wir uns getrost darauf verlassen, daß alles, was in diesem Univer-

sum zu Null wird, zurückkehrt in die Unendlichkeit. Und eben das gilt auch für uns, für unser Ich und unsere Gegenwart. Die Konsequenz, daß mit der Erreichung der Null auch die Unendlichkeit erreicht wird, ist deshalb in der Mathematik so zwingend, weil die Begriffe Null und Unendlich ebenso wie Plus und Minus qualitative Begriffe sind. Und da Qualitäten bei Zu- und Abnahmeprozessen ihre eigenen logischen Gesetze haben, können wir uns im Bereich der Qualitäten auf die qualitativen Gesetzmäßigkeiten ebenso zwingend verlassen, wie im Bereich der Quantität auf die logischen Gesetze der Quantität.
Dem Leser wird inzwischen sicherlich schon klar geworden sein, daß es sich bei den Vorgängen der Kontraktion und Expansion um die Prozesse des Entstehens und Vergehens handeln muß. Diese Prozesse kommen – wie gesagt – von Null her und gehen nach Null hin wieder auf, und das mit allen logischen Konsequenzen, die die Null in sich birgt. Eine davon ist nun mal der Begriff Unendlich. Im niveaulosen Zustand sind alle zeitlichen und damit auch alle körperlichen, alle räumlichen Begrenzungen aufgehoben; sie sind verschwunden. Deshalb ist es geradezu selbstverständlich, daß die zeitlos-niveaulose Zustandsform in sich selber unbegrenzt und also grenzenlos unendlich ist, denn welchem denkenden Wesen könnte es schon einfallen, das Nichts beschränken oder irgendwie begrenzen zu wollen? Ebenso logisch selbstverständlich ist der Tatbestand, daß das unendlich Niveaulose unendlich bleibt, ganz gleich, wieviel davon in die Zeitlichkeit abgewandert ist. Es wird nicht kleiner, nicht größer, nicht unendlicher, wenn ein Teil davon abwandert oder wieder zurückkehrt; es ist und bleibt das Ganze. Die Logik der Qualität ist eben eine völlig andere, als es unsere an begrenzten Dingen, an quantitativen Prozessen erprobte Vernunft zunächst zu fassen vermag. Deshalb ist auch das Einswerden und das Einssein mit dem unendlichen Urgrund oder auch mit Gott – falls man in der zeitlosen Allgegenwart eine göttliche Existenzform sehen möchte –

eine Folge qualitativer Gesetzmäßigkeiten und insofern keine Phantasterei der Mystiker, sondern eine für alles und jedes erreichbare Zustandsform, ja sogar eine in alle Ewigkeit haltbare Existenzform, wenn darauf verzichtet wird, in die Zeitlichkeit zurückzukehren, wenn also – wie z.B. von Buddha Gautama berichtet – Verhaltensweisen entwickelt werden, die geeignet sind, den ewigen Kreislauf des Entstehens und Vergehens zu unterbinden. Ganz abgesehen davon, daß Allgegenwart bzw. das überall Gegenwärtigsein eine unabdingbare Voraussetzung für jede Form der Reinkarnation ist. Bevor wir jedoch auf das Thema der „Seelenwanderung" zu sprechen kommen, möchte ich noch kurz darüber berichten, wie ich selbst den in der Versenkung erreichten, qualitätslosen Gegenwartszustand beendet und meine zeitliche Ich-Gegenwart wiedererlangt habe.
Je länger die letzte Stufe der Versenkung andauerte, um so langweiliger erschien mir die erreichte Daseinsform, denn ihr fehlte all das, was die zeitliche Zustandsform so attraktiv und aufregend, so lebendig und ereignisreich machte; ihr fehlte der Drang und die Fähigkeit, sich in der Zeit zu verändern. Je vertrauter, je bewußter mir die Zeitlosigkeit des Zustandes wurde, um so unleidlicher erschien mir der Gedanke, in dieser ereignislosen Passivität von Ewigkeit zu Ewigkeit verharren zu müssen. Meine Sehnsucht, in die aktive, wenn auch zeitlich sehr begrenzte Gegenwartsform zurückzukehren, wuchs in zunehmendem Maße. Mehr und mehr erschienen mir die wechselnden Zeitereignisse mit all ihren positiven und negativen Erscheinungsformen – wie Leid und Freude, Glück und Schmerz – erstrebenswerter, als die im niveaulosen Zustand erreichte Unsterblichkeit. Der Tod hatte zudem seinen Schrecken für mich verloren, weil ich ja den Zustand des nicht mehr aktiv Lebendigseins in eben diesem Moment erfuhr. Da ich außerdem den Eindruck hatte, daß alle ichempfindenden Daseinsformen nach dem Verlust des Körpers – in dem sich bis zum Tode Ich und

Wille reflektieren – die niveaulose Gegenwartsform zwangsläufig erreichen, fiel mir der Verzicht auf die Zeitlosigkeit nicht sonderlich schwer. Wie aber der zeitlose Zustand zu beenden, wie der Weg zurück zu finden war, das wußte ich zu diesem Zeitpunkt nicht. Und da die Bejahung des Aktivseins allein keine Änderung des Zustandes herbeiführte, wuchs mit dem Verlangen, in die zeitliche Wirklichkeit zurückzukehren, auch mein Widerwille gegen die niveaulose Daseinsform. Obwohl ich wußte, daß jede zeitliche Existenzform nur subjektiv etwas, nur relativ wirklich ist, wurde mein Wunsch, wieder so ein bedeutungsloses, dafür aber persönliches Etwas zu sein, so übergroß, daß es mir völlig gleichgültig war, unter welchen Bedingungen, an welchem Ort und in welcher Form das geschah. Und so versuchte ich krampfhaft, die winzige Gegenwartspforte, den Punkt in diesem äußerst umfangreich gewordenen Gegenwartsbereich wiederzufinden, durch den ich in die Zeitlosigkeit gelangt war. Doch so sehr ich mich auch auf dieses oder jenes stehende Gegenwartsfünklein konzentrierte, ich fand den Punkt nicht mehr, von dem die Expansion ausgegangen war.
Daß dieser konzentrische Punkt, der mir bei meinem Eintritt in die Versenkung den Blick in die Zeitprojektion eröffnet hatte, unauffindbar blieb, war eigentlich zu erwarten, denn nur in der zeitlichen Form der Gegenwart liegt der Nullpunkt an einem ganz bestimmten Ort im Zentrum der Qualität. Im qualitätslosen Zustand gibt es diesen zentralen Mittelpunkt nicht mehr. In diesem Zustand liegt der Nullpunkt überall. Dies einfach deshalb, weil der Niveauinhalt durch die Expansion insgesamt zu Null geworden ist. Und so befindet sich der Zugang zur Zeitlichkeit an jedem Punkt dieses expansiv gerichteten Gegenwartsbereichs, nämlich in der Projektion eines jeden Gegenwartsfünkleins. Was auch so sein muß, wenn man die Rückkehr in die Zeitlichkeit für möglich oder wie ich – aufgrund meines Versenkungserlebnisses – für zwingend hält. Der Punkt bzw. der Funke, der die Kontrakti-

on erneut veranlaßt, muß ja überall entzündbar sein, nämlich an jedem Ort in dieser zeitlichen Welt, an welchem die alles beseelende, alles vorantreibende Kraft des Ich-will-Niveaus erforderlich wird. Wobei allerdings erwähnt werden muß, daß die Vorstellung, irgendwer oder irgend etwas könnte mit seiner ganz persönlichen Seele von Körper zu Körper oder in himmlischen Gefilden herumwandern, völlig unhaltbar ist. Diese Art der Betrachtung ist ganz eindeutig aus der körperlichen Welt bzw. aus deren quantitativen Bewegungsvorgängen abgeleitet und folglich eine rein 3dimensionale Vorstellungsweise, die – auf qualitative Vorgänge angewendet – zu einer falschen Interpretation der Seelenwanderung führt. Die „Wanderung" von der Zeitlichkeit in die Zeitlosigkeit oder der Weg zurück kann in gar keinem Fall auf einer räumlichen Ebene oder in einer quantitativen Bewegungsweise von Ort zu Ort stattfinden; sie muß in der Zeit-Dimension, und d.h. in der Projektion aller räumlichen Richtungen, vor sich gehen. Und auf diesem „Wanderweg" geht – jedenfalls auf dem Weg in die Zeitlosigkeit – das persönliche Sein notwendig verloren. Wie aber erhält man es zurück?

In der Versenkung jedenfalls geschieht das folgendermaßen: Mein Wunsch, in die zeitliche Wirklichkeit zurückzukehren, verstärkte sich, je mehr mir die Passivität und ewige Ruhe des zeitlosen Zustandes mißfiel. Irgendwann wurde mein Widerwille gegen die ereignislose Daseinsform so stark, daß ich nur noch einen Gedanken hatte: „Weg von dieser zeitlosen Zustandsform; weg von diesem in allen 3 räumlichen Richtungen ausgebreiteten Nichts!" Und weil es geometrisch nur eine Richtung gibt, die von allen 3 räumlichen Richtungen wegführt – das ist die Richtung in der Projektion, in die Zeit-Dimension –, gibt es auch nur eine einzige Möglichkeit, den niveaulosen Zustand zu beenden, nämlich die, ihn total zu verneinen, denn auf diese Weise führt der Weg geradezu automatisch, weil geometrisch zwingend in die Zeit zurück.

Die Versenkung beginnt mit einem Willensakt, nämlich mit dem überstark gewordenen Willen, sich selbst zu erkennen, und sie wird mit einem Willensakt beendet, nämlich mit dem Willen, nicht mehr Null, nicht mehr niveaulos, nicht mehr unpersönlich zu sein. Wie die Rückkehr in die Zeitlichkeit bzw. die Wiedergewinnung des Qualitätsniveaus physikalisch vor sich geht, das jedoch ist in der Versenkung nicht erfahrbar. Dieser Prozeß verläuft unterhalb der Wahrnehmbarkeitsschwelle. Da ich aber den nach Null hin aufgehenden Vorgang der Expansion bereits als einen Prozeß des Vergehens identifiziert hatte, konnte ich den von Null herkommenden Prozeß des Entstehens schlußfolgernd erfassen, denn dieser mußte ja dann ein Kontraktionsvorgang sein. Daß bei kontraktiven Vorgängen nichts wahrzunehmen ist, kann seine Ursache nur darin haben, daß bei dem Prozeß des Entstehens nichts nach außen dringt, da er eine ausschließlich nach innen gerichtete Phase des Nehmens ist, während der Expansionsvorgang eine nach außen gerichtete Phase des Verschwendens bzw. des Hergebens ist. Deshalb war die Wiederherstellung des Ich's als Folge der Kontraktion für mich auch nur insofern bemerkbar, als mein Persönlichkeitsempfinden wieder zunahm. Allem Anschein nach können die expansiv gerichteten, stehenden Gegenwartsfünklein im Nullzustand ohne große Willensanspannung – und selbstverständlich ohne jeden Energieaufwand! – allein durch den Entschluß, nicht mehr niveaulos zu sein, eine Umkehr von der expansiven in die kontraktive Richtung erreichen, wodurch der Kontraktionsvorgang dann ausgelöst und von selbst geschehend in Gang gesetzt wird.

Während die Wiedergewinnung des Ichs für mich nur indirekt erfaßbar war, hat sich eine andere Folgeerscheinung der Versenkung ebenso direkt wie tief in mein Gedächtnis eingegraben, denn nach der Rückkehr in die Zeitlichkeit wurde mir auf eindrucksvolle Weise bewußt, daß der Weg in die Zeitlosigkeit wie ein Gang durch den Fluß des

Vergessens, gewissermaßen Lethe für die Seele ist, denn zurückkommend hatte ich völlig vergessen, wer, wo oder was ich vor der Versenkung war. Ich hatte lediglich das Gefühl, irgendein undefinierbares Etwas, irgendeine ichempfindende Existenz zu sein. Doch was für ein körperliches Gebilde ich jetzt war, das wußte ich nicht. Um es herauszufinden, mußte ich mit dem wiedererstarkten Willen das vorgefundene Gedächtnis abtasten. Das mit diesen Bemühungen einhergehende, intensive Suchen und Neuauffinden von körperlichen Gegebenheiten und körperlichen Funktionen hat in mir den bleibenden Eindruck hinterlassen, als ob es sich bei dieser Abfragung des vorgefundenen Gedächtnisses um einen in der Natur bei der Entstehung des Lebens ständig wieder neu ablaufenden Orientierungsvorgang handelt. Mit anderen Worten: Ich hatte den Eindruck, daß alles, was die niveaulose Zustandsform verläßt, um in der Zeit etwas zu sein, die Frage: „Was für ein Etwas bin ich denn jetzt?" anhand des vorgefundenen Gedächtnisses bzw. anhand der von Körper zu Körper weitergegebenen Erbanlagen ergründet und zwar in der Art, daß sich der Wille an den Gegebenheiten und Eigenschaften des Körpers orientiert, während sich das wiedergewonnene Ich in eben diesem Körper reflektiert, um sich schließlich gänzlich damit zu identifizieren, da sich bei dem Wechselspiel zwischen Körper und Ich, Körper und Wille die Grenzen so sehr verwischen, daß der Mensch letztlich außerstande ist, zwischen seinem Körper und seiner Seele zu unterscheiden. Die Folge davon ist, daß er die an sich unkörperlichen Qualitäten Ich und Wille für körperliche Funktionen hält, was in letzter Konsequenz dazu führt, daß er den Verlust des Körpers mit dem Verlust seiner Gegenwart gleichsetzt und auf diese Weise in seinem Bewußtsein eine durch nichts begründete Furcht vor dem Tode entwickelt.
Als ich mich dann endlich in meinem Gedächtnis wieder zurechtfand, erinnerte ich mich sogleich auch daran, warum ich den Schritt in die Zeitprojektion gewagt hatte,

denn ich wollte ja das Nichts der indischen Mönche – oder richtiger – den Prozeß des Vergehens in Erfahrung bringen. Nun kannte ich diesen Prozeß aus Erfahrung und konnte in der Umkehrung des Vorgangs auf den Prozeß des Entstehens schließen. Angesichts dieser Erkenntnis empfand ich plötzlich eine so große Freude des Verstehens, wie sie wohl Demokrit im Sinn gehabt haben muß, als er den inzwischen legendären Ausspruch tat: „Einen ursächlichen Zusammenhang in der Natur zu finden, ist mehr als König der Perser zu sein." Einen Augenblick lang war ich mehr als ein König der Perser, denn ich hatte die Zeit begriffen. Mir war klar geworden, daß die Welt in ihren Fundamenten und in ihrem inneren Aufbau eine 4dimensionale Raum-Zeit-Welt des Entstehens und Vergehens ist, und daß diese qualitative, durch und durch lebendige, durch und durch beseelte Welt eine völlig andere ist, als die 3dimensionale Fundamentalsatz-Welt quantitativ denkender Physiker. Mir war klar geworden, daß das Prinzip, das die Welt im Innersten zusammenhält, das sie sinnvoll und zielgerichtet macht, sich nicht um unsere quantitative, 2 + 2 = 4-Logik kümmert, sondern einer anderen, einer besseren, einer qualitativen! Logik folgt. Das wiederum ist eine Logik, die auf fundamentale Sätze verzichten kann, weil sie die Welt in sich selber zwingend macht. Dieser Logik wollen wir uns im nächsten Kapitel ausführlich widmen, damit der ewige Kreislauf des Entstehens und Vergehens in der Natur endlich logisch erfaßbar wird – oder richtiger – wieder erfaßbar wird, denn eben dieser Kreislauf und der Weg in die Zeit-Projektion ist von den alten indischen Philosophen schon vor mehr als 2 – 3 Jahrtausenden begriffen und beschrieben worden.

Das Verständnis für diesen unbekannten Weg in die Zeit-Projektion, aber auch für das ungeheure Volumen der Welt in eben dieser Zeit-Richtung – der qualitative Bereich der Natur reicht von Null bis fast Unendlich – könnte an dieser Stelle durch ein 3dimensionales Gleichnis wahrscheinlich nachdrücklicher gefördert werden, als dies ohne die althergebrachte Anschaulichkeit überhaupt möglich ist. Schließlich hat unsere Vorstellungskraft, die sich bisher nur auf die räumliche Wahrnehmung gestützt hat, einige Schwierigkeiten, die Vorgänge in der Zeit-Dimension vorurteilsfrei zu erfassen. Um das gänzliche Verschwinden aus der räumlich wahrnehmbaren Welt und damit auch den Weg zu erfassen, der nach Siddharta Gautama an das Ende der Welt bzw. an das Ende der Zeit führt, wollen wir uns – wenn auch etwas abgewandelt – eines 3dimensionalen Gleichnisses bedienen, das der Mathematiker Hermann Minkowski (1864 – 1909) seinerzeit zur Veranschaulichung einer 4dimensionalen Raum-Zeit-Geometrie entwickelt hat. Wir stellen uns zu diesem Zweck eine große Kugel vor, auf deren absolut glatter Oberfläche völlig platte und daher – gestützt auf ihre Erfahrung – nur 2dimensional denken könnende Wesen leben. In dieser Existenzgemeinschaft von Platt- bzw. Blatt-Lebewesen befindet sich ein äußerst wissensdurstiger Blattlaus-Professor, der seine Oberflächenwelt geometrisch zu erforschen versucht. Und eben diesem Professor – der bisher nur die 2dimensionale Fläche als Realität erfaßt hat und die 3. Dimension, die in der Projektion! der Fläche liegt, nicht kennt – spielen wir einen üblen Streich. Während er auf der Kugeloberfläche in den beiden Dimensionen Länge und Breite emsig seine Kreise zieht, um seine Welt geometrisch zu erforschen und zu beschreiben, bohren wir in der 3. Richtung seiner Welt, d.h. also in die Projektion der Fläche ein ziemlich dünnes, aber tiefes Loch, in das unser Blattlaus-Professor nichtsahnend hineinspaziert. Die übrige Blattlaus-Gesellschaft bemerkt sein gänzliches Verschwinden aus ihrer Welt überhaupt nicht, denn es findet ja in einer Dimension statt, die außerhalb ihres Gesichtskreises liegt. Nur der Professor wundert sich und weiß, wenn er wieder an die Oberfläche, wieder in die 2dimensionale Wirklichkeit seiner Welt zurückgekehrt ist, „Unglaubliches“ von seinem Ausflug in die 3.

Dimension zu berichten. Er wird berichten, daß in der Projektion eines jeden Punktes der Fläche ein „Weg nach innen", ein Weg in die 3. Richtung der Welt führt. Er wird berichten, daß jeder Punkt der Fläche nur die Grenze einer völlig anderen und viel umfangreicheren Wirklichkeit ist, als es die oberflächlich wahrgenommene, 2dimensionale Flächenrealität vermuten läßt. Er wird berichten, daß die eigentliche Ursache aller flächigen Erscheinungsformen nicht im Bereich der Wahrnehmbarkeit liegt, sondern im tiefsten Innern der Flächenwelt, in der 3. Dimension liegt usw., usw. Da aber seine ausschließlich an der flächigen Empirik orientierten Zeitgenossen nur das zu glauben bereit sind, was sie an der Oberfläche sehen und messen können, werden sie unseren Blattlaus-Professor schlechterdings für einen Spinner halten. Und all jene 2dimensional denkenden Lebewesen, die aufgrund eines fundamentalen Schlusses die unverändert ewige Existenz 2dimensionaler Urelemente postuliert haben, werden die Theorien des Blattlaus-Professors für unwissenschaftlich und folglich für indiskutabel halten.
So ergeht es natürlich nur einem wißbegierigen Blattlaus-Professor in einer stur 2dimensional denkenden Blattlaus-Kolonie. 3dimensional denkende Menschen sind selbstverständlich wesentlich offener für Erkenntnisse, die ihr 3dimensionales Weltbild stürzen, um ein neues, 4dimensionales Weltbild aufbauen zu können.

Der Kreislauf des Entstehens und Vergehens in der Zeit und sein logisches Gesetz

Bevor wir uns mit dem logischen Prinzip beschäftigen, das dem qualitativen Prozeß des Entstehens und Vergehens zugrunde liegt und auch damit befassen, was diesen Vorgang zu einem Kreislauf macht, der ständig, ja sogar ewig wiederholt wird, sollten wir uns noch einmal darauf besinnen, daß die qualitativen Realitäten der Natur einer anderen Logik folgen bzw. nach anderen logischen Prinzipien veränderlich sind als den uns bekannten, arithmetischen Gesetzmäßigkeiten. Etwas, das keine Menge und also keine Quantität von irgend etwas ist, das kann sich auch nicht so verhalten wie eine Menge, das kann also auch nicht so veränderlich sein wie eine Menge. Die Qualität eines Apfels z.B. ändert sich nicht im geringsten, wenn wir die Menge der Äpfel vergrößern, und sie ändert sich auch nicht, wenn wir den Apfel teilen. Sie ist und bleibt eine von der Quantität völlig unabhängige Realität. Aus diesem Grunde sollten wir die Begriffe der Qualität und die Begriffe der Quantität niemals in einen Topf werfen, denn beide Realitäten haben nichts miteinander zu tun; sie sind nicht voneinander abhängig; sie sind nicht miteinander verknüpfbar. Deshalb sollten wir überall da, wo es um die Veränderung, um die Zu- oder Abnahme einer reinen Qualität geht, auf die einseitig ausgeprägte, altgewohnte Logik, in welcher wir uns die Zu- oder Abnahme, das Mehr oder Weniger, das Größer- oder Kleinerwerden von Dingen und Werten vorzustellen gewohnt sind, verzichten, denn qualitative Naturprozesse vollziehen sich nach einer völlig anderen Logik, so daß jeder Versuch, sie in der gewohnten, quantitativen Vorstellungsweise zu erfassen, unsere Erkenntnisfähigkeit behindert, ja sogar unmöglich macht.

Das logische Gesetz, das allen qualitativen bzw. allen zeitlichen Veränderungen in der Natur zugrundeliegt, resultiert – wie sich denken läßt – aus der Unteilbarkeit der Qualitäten. Qualitäten nämlich sind – wie schon erwähnt – keine durch Teilung veränderliche Größen, folglich sind sie unteilbar. Und weil sich aus der Unteilbarkeit rein logisch bzw. rein geometrisch ganz bestimmte Konsequenzen und Notwendigkeiten ergeben, ist das Gesetz der Qualität sehr leicht zu begreifen, obwohl es in seiner Geometrie einen 4dimensionalen Naturprozeß umfaßt. So ist z.B. die Unteilbarkeit der ebenso zwingende wie notwendige Grund dafür, daß jede Qualität ein ununterbrochen in sich zusammenhängendes Gebilde und also *ein Kontinuum* ist. Da ein Kontinuum – aufgrund seiner Unteilbarkeit – nur ein in sich selbst veränderliches Gebilde sein kann, müssen seine jeweiligen Ausmaße bzw. seine Dimensionen voneinander abhängige Größen sein. In einem Kontinuum, dessen Qualität durch Kontraktion zunimmt, müssen Raum und Zeit voneinander abhängige Größen sein. Der logische Grund für die 4dimensionale Geometrie liegt einfach darin, daß eine physikalische Größe, die durch Kontraktion räumlich abnimmt und dabei doch zunimmt – nämlich an Qualität – natürlich nicht in den 3 räumlichen Richtungen zunehmen kann – in diesen nimmt sie ja ab –, sondern notwendig in einer nichträumlichen Richtung zunehmen muß bzw. bei Expansion abnehmen muß. Und weil in der nicht-räumlichen Richtung die Zeit-Dimension liegt, ist ein Gebilde, das seine Qualität in der Projektion, nämlich durch Kontraktion erhöht und durch Expansion wieder verringert, geometrisch gesehen ein 4dimensionales Gebilde und deshalb ein Raum-Zeit-Kontinuum, weil sein Zeit- bzw. sein in der Zeit erreichtes Qualitätsniveau – durch die Unteilbarkeit des Kontinuums – in einer zwingenden Abhängigkeit zu seiner räumlichen Ausdehnung steht. Die Qualität eines 4dimensionalen Raum-Zeit-Kontinuums ist also zwingend an seine Raumgröße gekoppelt. Wird der Raum kleiner durch Kontraktion, dann nimmt – anschaulich beispielhaft ausgedrückt – die qualitative Dichte, der qualitative Inhalt pro Raumeinheit zu; wird der Raum des Kontinuums durch Expansion größer, dann breitet sich sein qualitativer Inhalt gewissermaßen auf einen größeren Raumbereich aus und die Qualität nimmt – da sie raumbezogen ist – ab. Welchem logischen Gesetz diese Beziehung folgt, ist jetzt leicht auszumachen: Wird nämlich der Raum um die Hälfte kleiner, dann muß der qualitative Inhalt in diesem jetzt ½ so großen Raum logisch zwingend das Doppelte betragen. Und damit kennen wir auch schon das logische Gesetz der Qualität, denn qualitative Veränderungen erfolgen nach dem ebenso einfachen wie logisch zwingenden Prinzip „½ = doppelt", nämlich „halber Raum = doppelte Qualität" oder physikalisch ausdrückt: „*½ Wellenlänge = doppelte Energie*." Daß dieses Prinzip für alle qualitativen Veränderungen Gültigkeit hat, ist eigentlich selbstverständlich, denn Qualitäten haben mit der Quantität nichts zu tun, sind also zwingend nicht von der Menge abhängig, so daß es völlig gleich ist, ob nur eine einzige oder unzählig viele Einheiten am Prozeß der Kontraktion und Expansion beteiligt sind. Die Qualität nimmt stets nach dem Prinzip „½ Raum = doppelte Qualität" zu und bei der Expansion natürlich in der umgekehrten Reihenfolge – doppelter Raum = ½ Qualität – ab. Und eben diese Allgemeingültigkeit macht das Prinzip zum Gesetz.

Daß das Gesetz der Unteilbarkeit bzw. die darin enthaltene geometrische Abhängigkeit von Raum und Zeit noch weitere Zwangsläufigkeiten im Gefolge hat, die für das Verhalten einer Qualität typisch, für das Verhalten einer Quantität jedoch kaum verständlich sind, läßt sich denken und auch belegen. Ein geradezu klassisches Beispiel für qualitätstypisches Verhalten ist die Diskontinuität, die sprunghaft erfolgende Veränderung qualitativer Zustandsformen. Während Quantitäten in immer gleichen Teilbeträgen, gewissermaßen Schritt für Schritt, Pfennig

für Pfennig, Teilchen für Teilchen zu- und abnehmen können, schließt das Korsett der Unteilbarkeit diese Verhaltensweise für Qualitäten aus. Das Prinzip „½ = doppelt" führt nämlich zu einem, in ungleichen Größen und also sprunghaft an- und absteigenden Qualitätsverhalten. Die Zu- und Abnahme einer Qualität ist ja an die räumliche Ausdehnung gebunden. Ist diese groß, dann ist das Qualitätsniveau gering. Wird sie kleiner durch Kontraktion, dann steigt das Qualitätsniveau zunächst auch nur in geringem Maße, denn das Doppelte von wenig ist immer noch wenig. Da aber das Doppelte von viel ungleich viel mehr ist als das Doppelte von wenig, wächst das Qualitätsniveau in den immer kleiner werdenden Raumbereichen jeweils um ein Vielfaches der vorherigen Werte an, wächst also – wenn die Kontraktion fortschreitet – in immer größer werdenden Sprüngen auf unendlich zu. Da aber der Raumanteil einer Qualität nicht zu Null bzw. nicht zu einem dimensionslosen Punkt werden kann, hat die Natur dem Bestreben, eine unendliche Seinsqualität in der Zeit zu erreichen, physikalische Grenzen gesetzt. Der dimensionslose Raumpunkt ist also lediglich die Wendemarke, an welcher der Vorgang der Kontraktion notwendig umkippt in den Prozeß der Expansion. Mit der Aufdeckung bzw. mit der Plausibilität dieses 4dimensionalen Zusammenhangs wäre dann auch das Geheimnis der Diskontinuität gelüftet, denn wo immer die Natur mit sprunghaften Eigenschaftsänderungen aufwartet – ob im atomaren oder im biologischen Bereich –, ihre Sprünge sind weder vom Zufall noch von irgendeiner diskret agierenden Quantität verursacht; ihre Sprünge sind die Folge qualitativer Gesetzmäßigkeiten.
Aber nicht nur die „Sprünge der Natur" verraten uns bei einer qualitativen Betrachtungsweise ihr – der Physik bisher diskret verschwiegenes – Geheimnis, werden also für uns anschaulich, ja sogar selbstverständlich, auch die bis dato unserer 2 + 2 = 4-Logik völlig unverständlich erscheinenden Naturtatsachen, die zur Aufstellung der spe-

ziellen Relativitätstheorie geführt haben (Nichtaddierbarkeit von Licht- und Erdgeschwindigkeit usw.) versagen sich unserem logischen Verständnis nicht länger, wenn wir uns endlich anschicken, in der Natur zwischen dem Verhalten von Quantitäten und Qualitäten grundsätzlich zu unterscheiden, d.h. also von dem fruchtlosen Bemühen ablassen, unsere quantitative Logik auf qualitative Naturprozesse anzuwenden. Aktivieren wir nämlich unsere qualitative Logik, dann werden nicht nur die in einem Raum-Zeit-Kontinuum – nach dem Prinzip „½ Strecke = doppelte Trägheit" vor sich gehenden Qualitätsprozesse anschaulich erfaßbar, es wird auch klar, daß und warum die der speziellen Relativitätstheorie zugrunde liegenden Formeln, die sog. Lorentztransformationen erstmalig in der Physikgeschichte einen *qualitativen* Naturprozeß beschreiben! In diesen, von Albert Einstein richtungsweisend als Veränderungsprozesse innerhalb eines 4dimensionalen Raum-Zeit-Kontinuums erkannten Grundlagen (Lorentztransformationen und Einsteinsche Massegleichung – siehe Anhang) kommt zum Ausdruck, daß die Qualität Trägheit bzw. das Zeitniveau einer trägen Masse nach dem Prinzip „½ = doppelt" von der räumlichen Ausdehnung des Kontinuums abhängig ist und folglich auf unendlich zugeht, wenn der Kontraktionsprozeß und damit der Raumanteil der Qualität (in der Gleichung die Strecke in der Bewegungsrichtung) auf Null zugeht. Wenn das geschieht, wenn also ein Raum-Zeit-Kontinuum durch Kontraktion räumlich auf beinahe Null zugeht und in seiner Qualität fast unendlich wird, dann ist die zeitlichste aller zeitlichen Zustandsformen erreicht, dann nämlich ist – bildlich gesprochen – die ganze Ewigkeit in einen kurzen Augenblick gepreßt. So jedenfalls könnte man den Verlust der Zeitlosigkeit zugunsten eines einzigen, mit unendlicher Daseinsfreude erfüllten Augenblicks – wie er auch zu Beginn der Versenkung erlebt wird – philosophisch erklären. Eine physikalische Qualität kann selbstverständlich nicht durch Überkontraktion aus der Welt verschwinden, deswegen kann sie auch räumlich nicht zu einem dimensionslosen Punkt werden, noch kann sie in der Zeit den Wert Unendlich erreichen. An die Grenze des Möglichen gestoßen, kehrt sich der Vorgang der Kontraktion zwangsläufig in sein Gegenteil um, und die Expansion beginnt. Die Umkehrung des Kontraktionsvorgangs ist natürlich kein Thema der spez. Relativitätstheorie, aber für uns insofern von Bedeutung, als auch hier die Versenkungserfahrung in ihrer letzten Konsequenz bestätigt wird. Bei der Umkehrung des Vorgangs jedoch geht jetzt nicht mehr die Qualität, sondern – nach dem Prinzip „doppelter Raum = ½ Qualität" der Raum in immer größer werdenden Sprüngen auf Unendlich zu, so daß ein expandierendes Raum-Zeit-Kontinuum in dem Moment unendlich werden muß, wenn sein Qualitätsniveau tatsächlich zu Null wird. So gesehen ist die Zustandsform der Allgegenwart keineswegs nur eine religiös-versponnene Idee der Mystiker; sie ist die logische Konsequenz qualitativer Gesetzmäßigkeiten. Und da – wie wir inzwischen feststellen konnten – die Beziehung zwischen Raum und Zeitqualität aufgrund des Unteilbarkeitsprinzips in sich selber zwingend ist, ist auch die Welt in sich selber logisch zwingend und bedarf keiner quantitativ begründeten Fundamentalsätze. Womit zugleich auch klar sein dürfte, welches Prinzip die Natur im Innersten zusammenhält; es ist das Unteilbarkeitsprinzip ihrer Qualitäten!

Warum der Prozeß des Entstehens und Vergehens, der sich in der Projektion aller räumlichen Richtungen und also im Innersten der Natur vollzieht, ein Kreislauf ist, das wird deutlich, wenn wir den Kontraktions- und Expansionsvorgang einmal in seinem Gesamtzusammenhang betrachten. Zu diesem Zweck wollen wir uns zunächst einmal mit der Entstehung einer Zeitwelle befassen. Daß es sich bei der Plus/Minus-Null-Logik der Natur um ein bei Wellen anzutreffendes Charakteristikum handelt, dürfte dem Leser sicherlich schon aufgefallen sein. Und eine Welle, deren Qualitätsniveau in der Zeit-Dimension entsteht und vergeht, die also in der Zeit auf- und abschwingt, ist eine Zeitwelle. Um das Auf und Ab bzw. die Schwingung einer Zeitwelle anschaulich zu erfassen, wollen wir uns noch einmal auf die Grundlagen unserer Plus/Minus-Null-Logik besinnen. Wir sind ja doch davon ausgegangen, daß aus dem Nichts nur auf Kosten von Minus etwas entstehen kann, denn wer nichts hat, kann nur zu Plus kommen, wenn er irgendwo Schulden macht. Das ausgeglichene Nullniveau muß also aufgegeben bzw. untergraben werden, um ins Plus zu kommen. Und da es sich um das Nullniveau in der Zeit handelt, ist es also der Verzicht auf die Zeitlosigkeit, der zu zeitlichen Plusqualitäten und notwendig auch zu einem Negativniveau, zu einem „Schuldenloch" in der Zeit-Dimension führt. Wobei dann kleine Schulden mit einem kleinen Plus, große Schulden mit einem großen Plus verbunden sind, denn das Verhältnis von Plus zu Minus bleibt immer gleich und ist deshalb exakt proportional, weil wir von Null ausgehen, oder anders ausgedrückt, weil aus dem Nichts etwas entsteht. Daß die Dinge unserer Wahrnehmung einer positiven Realität zugeordnet werden müssen, bedarf wohl keiner weiteren Erläuterung mehr. Welche Realität wir jedoch der Leere bzw. dem leeren Raum unterstellen, das kommt ganz darauf an, ob wir uns für eine 3dimensionale oder für eine 4dimensionale Naturinterpretation entscheiden, denn es gibt *nur zwei* Möglichkeiten, die Leere zu erklären. Entweder wir halten den leeren Raum, wie Isaac Newton, für physikalisch *nicht real* – 1. Möglichkeit –, dann muß er ein unbegrenzt 3dimensionales Gebilde ohne irgendwelche physikalischen Eigenschaften sein, oder – 2. Möglichkeit – wir halten die Leere für *physikalisch real*, dann muß sie natürlich eine physikalische Eigenschaft haben. Hat sie eine physikalische Eigenschaft, dann kann diese zwingend keine irgendwie materielle, keine positiv reale Eigenschaft sein. Folglich muß ein leerer Raum, der physikalisch real ist, eine negative

Qualität haben. Hat er eine negative Qualität, dann kann er kein 3dimensionales Gebilde sein, sondern muß – wenn sein Negativniveau ein in der Zeit wirksames Beschleunigungsgefälle ist – eine 4dimensionale Größe sein. Ist das Beschleunigungsniveau der Leere eine 4dimensionale Größe, dann muß es – wie in der allgemeinen Relativitätstheorie Albert Einsteins ausgesagt und inzwischen hinlänglich bewiesen – in Richtung auf die Massen hin *gekrümmt* sein! Dies einfach deshalb, weil der Prozeß der Kontraktion und Expansion ein in sich selbst zurückgeführter Kreislauf ist. Fazit: Wenn wir uns von der durch nichts bewiesenen, 3dimensionalen Raumvorstellung Newtons lösen, dann steht der Erkenntnis, daß der leere Raum physikalisch real und demzufolge eine 4dimensionale Naturtatsache ist, nichts mehr im Wege. Womit zugleich auch die Voraussetzung dafür geschaffen ist, die Schwingung einer Zeitwelle und den daraus resultierenden Kreislauf des Entstehens und Vergehens anschaulich zu erfassen.

Aus dem Tatbestand, daß die allen Körpern innewohnende Trägheitseigenschaft und das Beschleunigungsniveau des leeren Raumes – Gravitation genannt – nicht nur in der Zeit wirksame, sondern in der Zeit gegeneinander gerichtete Kräfte sind – Gravitation ist ja bekanntlich eine die Körper beschleunigende, während Trägheit eine sich der Beschleunigung widersetzende Kraft ist – kann abgeleitet werden, daß sich beide Qualitäten in ihrem Zeitniveau wie Plus zu Minus verhalten und folglich Berg und Tal einer Zeitwelle sein müssen. Wenn wir zudem bedenken, daß beide Eigenschaften exakt proportionale Größen sind, dann läßt sich aus der Tatsache, daß es sich dabei um einander entgegengerichtete Kräfte handelt, ein Gleichgewichtszustand ableiten, so daß wir davon ausgehen können, daß Zeitwellen vom Grundsatz her in sich selber ruhende bzw. *stehende Wellen* sind. Da 4dimensionale Raum-Zeit-Wellen in ihren stabilen Zustandsformen nicht auf- und abschwingen – wie wir das von 3dimensionalen, räumlich sich ausbreitenden Wellen her kennen – und auch im instabilen Zustand nur in sich selber schwingende Gebilde sind, dürfte der Wellencharakter dieser, zumeist in sich selber ruhenden und deshalb im Prinzip stehenden Wellen aus räumlicher Sicht kaum auszumachen sein, so daß bei oberflächlicher Betrachtungsweise durchaus der Eindruck entstehen kann, als handle es sich hier um starre Materiekorpuskel, die ein gravitierendes Kraftfeld mit sich herumtragen. Womit übrigens auch das bisher ungeklärte Problem des „Korpuskel-Welle-Dualismus" – auf das die moderne Physik bei der Erforschung des Elementarbereichs gestoßen ist – eine ebenso einfache wie logisch einleuchtende Lösung gefunden hätte, denn: Stehende Raum-Zeit-Wellen müßten – aufgrund ihres Trägheitszentrums – auf korpuskular erfolgende Ereignisse, wie es z.B. quantitative Übertragungsprozesse sind, wie Korpuskel reagieren, während sie bei Wellen bzw. bei qualitativ erfolgenden Veränderungen ihren Wellencharakter offenbaren müßten. Dies jedoch nicht etwa, weil sie in dualistischer Weise beides gleichzeitig, nämlich sowohl kleine Körperchen als auch 3dimensionale Wellen sind, sondern weil sie etwas ganz anderes, nämlich 4dimensionale, stehende Wellen sind.

Daß Elementarteilchen, deren Trägheit durch Kontraktion zunehmen kann, wie wir aufgrund der spez. Relativitätstheorie heute wissen , keine starren Körperchen sein können, das ist zwingend; warum sie aber Wellen sein müssen, das wird klar, wenn wir die Konsequenzen der Speziellen – hinsichtlich Null und Unendlich – einmal ohne quantitative Vorurteile betrachten und das Raum-Zeit-Kontinuum einmal im Geiste bis an seine Grenzen zu- und abnehmen lassen. Gehen wir dabei vom niveaulosen Nullzustand aus, dann wird bei der Bildung des Plusniveaus Raum frei, denn je kleiner der Raumanteil wird, den die kontrahierende Plusqualität einnimmt, um so größer wird die Leere, die sie umgibt. Je mehr die Komprimierung des Plusniveaus fortschreitet, um so stärker wird das Negativniveau der Leere und das darin wirksame Beschleunigungsgefälle. Hat das Pluszentrum irgendwann eine nicht mehr zu unterschreitende räumliche Ausdehnung erreicht – und das ist dann der Fall, wenn sein räumliches Ausmaß auf Null und sein Qualitätsniveau auf Unendlich zugeht – dann stößt die Welle an eine unüberwindbare Grenze; der Wendepunkt im Kreislauf ist erreicht, die Welle fließt zurück und hebt im Rückfluß das im Raum hinterlassene Negativniveau wieder auf, wie eine Welle, die an eine unüberwindbare Mauer stößt, umkehrend überfließt, so folgt auf den Vorgang der Kontraktion die Expansion, die dann an eine unüberwindliche Grenze stößt, wenn die Null erreicht ist bzw. Plus- und Minusniveau einander aufheben. Der im Auf- und Abbau der Welle vollzogene Kreis ist natürlich kein räumlich darstellbarer Kreis, denn er vollzieht sich ja in der Projektion aller räumlichen Richtungen. Wenn wir jedoch den Vorgang der Kontraktion und Expansion in unserer Vorstellung oft genug wiederholen, stellt sich sehr bald ein Gefühl dafür ein, daß sich im Innern des Kontinuums ein zwar unanschaulicher, aber doch irgendwie plausibel erscheinender Kreislauf ereignet haben muß. Ganz abgesehen davon, daß dies auch rein geometrisch der Fall sein muß, weil der Prozeß der Kontraktion und Expansion ein in sich selbst geschlossener, in sich selbst zurückgeführter Vorgang ist. In sich selbst geschlossen, in sich selbst zurückgeführt aber heißt, es muß ein Kreis sein; ein Kreis, der in der Zeit-Dimension vollzogen und ständig wiederholt wird, wenn der Wille nach Individualität stärker ist als der Wunsch, in ewiger Ruhe zeitlos existent zu sein. Womit wir schließlich zu einer Einsicht gelangt wären, die der griechische Philosoph Heraklit (550–480 v.Chr.) schon vor etwa 2½ Jahrtausenden gehabt haben muß. Sein Ausspruch: „Zusammenhängend sind Anfang und Ende in des Zeitenkreises geschlossenem Lauf" beweist – wie einige weitere, leider nur fragmentarisch überlieferte Aussagen von ihm –, daß er den Kreislauf des Entstehens und Vergehens in all seinen Konsequenzen erfaßt haben muß.

Bei unserem Urteil über die Natur können wir also getrost davon ausgehen, daß nicht der leere Raum in sich selbst zurückgeführt ist, wie das gelegentlich von Mathematikern propagiert wird, die die logischen Konsequenzen des 3dimensionalen Weltbildes, nämlich die Existenz einer unendlichen Leere nicht hinnehmen möchten; in unserem Universum ist die Zeit in sich selbst zurückgeführt. Und aus eben diesem Grund können wir mit einiger Sicherheit annehmen, daß der Prozeß des Entstehens und Vergehens von Qualitäten ein Vorgang ist, der sich unablässig wiederholt. Diesen Kreislauf zu beenden, sich ihm zu entziehen, dürfte äußerst schwierig sein. Nicht allein deshalb, weil der Verzicht auf die Wiederkehr nur im niveaulosen Zustand möglich ist, sondern vor allem deshalb, weil der Drang nach individueller Existenz überhaupt nicht zu überwinden, nicht zu unterbinden ist, so lange der Kreislauf als solcher unerkannt bleibt. Wie auch sollten wir einen Vorgang beeinflussen oder verhindern können, von dem wir gar nicht wissen, daß er stattfindet und wie er abläuft? Wer den Kreislauf des Entstehens und Vergehens in der Natur nicht kennt, hat gar keine Chance, sich ihm zu entziehen. Er ist diesem Kreislauf und damit den Unbilden der Zeitlichkeit unablässig, ja vielleicht sogar ewig unterworfen. Es geht also in jedem Falle und für jeden von uns darum, die 4dimensionale Raum-Zeit-Welt endlich zu begreifen. Was das sinnentleerte, 3dimensionale Weltbild und das ihm zugrunde liegende quantitative Denken in unseren Köpfen angerichtet hat, das erfahren wir tagtäglich, wenn wir die Umwelt und das maßlose Verhalten des Menschen in eben dieser lebendigen Umwelt betrachten. Leider jedoch kann nicht jeder die Chance nutzen, die Wahrheit über Zeitprozesse durch einen Blick in die eigene Zeitprojektion zu erfahren. Eine Chance übrigens, die schon Heraklit erkannt und genutzt haben muß, denn seine Worte: „Ich suchte und erforschte mich selbst“ oder „Ich habe mich selbst erkannt“, sind ein deutlicher Hinweis auf die Selbsterfahrung durch Versenkung. Aber ein jeder kann sich bemühen, die 4dimensionale Welt und ihre Folgen – den Kreislauf des Entstehens und Vergehens in der Natur – *logisch* zu erfassen. Und eben dafür die Voraussetzungen zu schaffen, das ist der eigentliche Sinn und Zweck dieser Schrift. Daß sie neben der Mystik soviel Physik enthält, liegt einfach daran, daß man die 4dimensionale Raum-Zeit-Welt – auf ein falsches Weltbild gestützt – überhaupt nicht, aber auf die richtige Mystik gestützt, sehr wohl verstehen kann. Folglich muß der erkenntnishemmende Teil der Physik beseitigt und der Blick für den erkenntnisfördernden Teil der Mystik geschärft werden. Schließlich sind die Erkenntnisse über Zeitprozesse in der Physik derzeit noch fast Null, während eben diese Prozesse in der Mystik seit mehr als 2½ Jahrtausenden immer wieder angesprochen werden. Bevor wir uns jedoch mit diesem Bereich der Mystik speziell befassen, sollten wir unser Augenmerk noch auf eine brandneue Theorie richten, in welcher sich die Physik gerade anschickt, einen einwandfrei qualitativen Naturprozeß mit einer quantitativen Theorie in ihr 3dimensionales Weltbild einzuordnen.

Der kosmische Kreislauf in der Zeit

Da es uns inzwischen keine Schwierigkeiten mehr bereitet, die in einem 4dimensionalen Raum-Zeit-Kontinuum ablaufenden Prozesse anschaulich zu erfassen, haben wir allen 3dimensional denkenden Naturinterpreten gegenüber gewisse Vorteile, da wir einerseits in der Lage sind, zwischen qualitativen und quantitativen Naturvorgängen grundsätzlich zu unterscheiden und deshalb andererseits sehr wohl erkennen können, bei welchen Prozessen in der Natur quantitative Theorien fehl am Platze sind. In welchem Naturbereich wir auch immer auf den Vorgang der Kontraktion oder Expansion stoßen – ob eine Atomverbindung kontrahiert oder ein ganzes Universum expandiert –, wir sind in der Lage zu erkennen, daß es sich hier mit an Sicherheit grenzender Wahrscheinlichkeit um qualitative Vorgänge und also um Prozesse handeln muß, die nicht quantitativ erklärbar sind und folglich auch nicht in das quantitative Weltbild eingefügt werden sollten. So ist z.B. die Konstanz der Licht-„Geschwindigkeit" – ihre Nichtaddierbarkeit und Nichtsubtrahierbarkeit mit quantitativen Geschwindigkeitsgrößen – nicht nur ein Beweis dafür, daß der in allen 3 räumlichen Richtungen erfolgende Expansionsvorgang der Lichtausbreitung ein qualitativer Prozess sein muß, sie beweist vor allem auch, daß Expansionsvorgänge mit den quantitativ addierbaren und subtrahierbaren Geschwindigkeiten bewegter Körper nichts zu tun haben. Expansion – auch die eines ganzen Universums – muß also immer als ein qualitativer Vorgang, als eine qualitative Größe der Natur angesehen werden. Und qualitative Größen haben Kontinuums-Charakter, ganz gleich wie viele Einheiten oder Galaxien an der Kontraktion oder Expansion beteiligt sind. Auch wenn ein ganzes Universum expandiert, seine Expansion muß – wenn die Ursache ein Qualitätsabbau ist – nach dem logischen Gesetz erfolgen, das für jede qualitative Veränderung, für jedes Raum-Zeit-Kontinuum gültig ist, nämlich nach dem Prinzip „½ Qualität = doppelter Raum".

Der leere Raum des Universums ist – wie wir inzwischen erkennen konnten – physikalisch real, hat also physikalische Qualitäten, darunter auch die Eigenschaft, Lichtwellen weiterzuleiten. Dehnt sich jetzt der Lichtwellen weiterleitende Raum des kosmischen Raum-Zeit-Kontinuums (was in folgender Abhängigkeit geschehen müßte, wenn wir – wie in der Einstein-Formel $E = m \cdot c^2$ beschrieben – davon ausgehen, daß die beiden physikalischen Qualitäten Energie und Trägheit gleichwertige, ineinander umwandelbare und somit voneinander abhängige Größen sind, dann nämlich verringert jede strahlende Sonnenmasse mit der Strahlungsenergie auch ihr Trägheitsniveau. Verringert sich das Trägheitsniveau einer Masse, dann verringert sich auch das Gravitationsgefälle des Raumes, da beide Größen aufgrund der Proportionalität gleichfalls voneinander abhängig sind. Verringert sich das Gravitationsniveau des Raumes – läßt also die sogenannte „Anziehungskraft" nach – dann wächst der Abstand zwischen den strahlenden Massen und die Verbindung zwischen ihnen, der von den Lichtwellen durchquerte Raum dehnt sich.), dehnt sich also das alle Massen verbindende Medium Raum, dann dehnen sich zwangsläufig auch die Wellen, die das Medium während des Expansionsprozesses durchqueren. Wenn wir z.B. ein Gummiband dehnen, während es von einer Welle durchlaufen wird, dann erkennen wir sofort, daß die Dehnung nicht ohne Wirkung auf die Welle bleibt; die Welle dehnt sich mit, sie wird länger. Die Expansion unseres Universums kann also – vom 4dimensionalen Standpunkt aus betrachtet – nicht ohne Wirkung auf die Lichtwellen bleiben, die sich in diesem kosmischen Raum-Zeit-Kontinuum ausbreiten. Die Folgen sind leicht einzusehen, denn je länger eine Welle das expandierende, sich räumlich aus-

dehnende Kontinuum durchläuft, um so mehr wird sie gedehnt und um so langwelliger muß sie werden. Das wiederum heißt: Ist der Abstand eines strahlenden Sonnensystems zur Erde gering, dann erfahren die Wellen dieser Lichtquelle auf ihrem Weg zur Erde nur eine geringe Dehnung, eine geringe Verschiebung der Wellenlänge, weil sie nur kurz unterwegs sind. Ist der Abstand der Erde zur Lichtquelle groß, dann ist auch die als Rotverschiebung bezeichnete Dehnung der Wellenlänge groß. Auf einen knappen Nenner gebracht bedeutet das, daß die Dehnung der Wellenlänge linear mit der Entfernung wachsen muß. Und eben dieser Sachverhalt – und *nur dieser* Sachverhalt, daß die von fernen Galaxien ausgehenden Lichtwellen unsere Erde mit einer Verlängerung der Wellenlänge erreichen, die linear zum Abstand wächst – ist durch Meßergebnisse belegt. Wie dieser empirisch gesicherte Tatbestand erklärt wird – ob 3dimensional quantitativ oder 4dimensional qualitativ –, das allerdings hängt heute noch allein vom Standpunkt des Interpreten ab. Ist die Expansion des Universums in Wahrheit jedoch ein 4dimensionaler Prozeß, dann allerdings ist jeder 3dimensional orientierte Standpunkt und folglich auch jede quantitativ entwickelte Theorie darüber fragwürdig.
Warum es sich bei der Expansion eines Raum-Zeit-Kontinuums nicht um eine echte, um eine quantitativ erklärbare Geschwindigkeit handeln kann, das wird deutlich, wenn wir unser 3dimensionales Gummigleichnis – das geometrisch gesehen ein Fläche-Höhe-Kontinuum ist – noch einmal aktivieren. Zu diesem Zweck montieren wir auf unserem Gummiband in gewissen Abständen und gut sichtbarlich einige Punkte. Wenn wir jetzt das Band dehnen und das Auseinanderstreben der Punkte beobachten, dann stellen wir fest, daß die „Wegbewegung" von Punkt zu Punkt im Nahbereich gering ist. In größerem Abstand jedoch scheint sich die „Bewegung" der Punkte – ihre nach außen gerichtete Scheinbewegung – zu addieren, obwohl sich innerhalb des Kontinuums kein Punkt von sei-

nem Standort entfernt hat. Der Verbleib am Standort aber kann keineswegs als eine echte Bewegung gedeutet werden, denn die Geschwindigkeit eines Körpers, der seinen Standort nicht verläßt, ist gleich Null. Womit wir zugleich auch imstande sind, die lange schon anstehende Frage nach dem Warum zu klären, nämlich die Frage, warum qualitative Zu- und Abnahmeprozesse bzw. die bei Kontraktion und Expansion auftretenden „Geschwindigkeiten" grundsätzlich keine irgendwie subtrahierbaren oder addierbaren Größen sind, denn an unserem Gummibeispiel können wir die in einem Kontinuum tatsächlich stattfindende, die wirkliche Bewegung einmal anschaulich verfolgen. Halten wir nämlich die standorttreuen Markierungspunkte auf unserem Gummiband fest im Auge, während wir es dehnen oder auch kontrahieren, dann werden wir feststellen, daß die wahre Bewegung nicht in die Fläche – und also nicht in die Dimensionen Länge und Breite – führt, sondern in der Projektion der Fläche stattfindet, denn das Band wird dünner oder dicker; seine Zu- und Abnahme – und damit auch seine Bewegung – erfolgt also in der 3. Dimension. Und dies geschieht einfach deshalb, weil das Band bzw. das 3dimensionale Fläche-Höhe-Kontinuum seine Qualität verändert, denn dick und dünn sind auch bei Gummibändern Qualitätsmerkmale.
Wie unser Gleichnis zeigt, sind Kontraktion und Expansion auch bei niederdimensionierten Kontinuumsprozessen als Qualitätsänderung identifizierbar. Wenn also unser Universum ein Raum-Zeit-Kontinuum ist, dann sind seine Expansions-„Geschwindigkeiten" keine echten Geschwindigkeiten. Als Folge eines Qualitätsabbaus in der Zeit-Dimension findet die wahre Ortsveränderung in der Projektion aller 3 räumlichen Richtungen statt. Die wirkliche Bewegung der Galaxien findet also – 4dimensional gesehen – nicht im Raume, sie findet in einer nicht-räumlichen Richtung statt und ist aus eben diesem Grunde nicht addierbar und nicht subtrahierbar mit den im Raume stattfindenden, echten Geschwindigkeiten der Massen.

Wird aber unterstellt, daß auch die Expansion unseres Kosmos, wie alle quantitativ erfolgenden Geschwindigkeiten, eine addierbare Größe ist – und eben das geschieht, wenn die Wellenverschiebung der fernen Galaxien rein 3dimensional, nämlich als Doppler-Effekt gedeutet wird – dann allerdings ist die „Flucht der Spiralnebel" kaum mehr aufzuhalten, dann nämlich ergibt die Addition der Scheingeschwindigkeiten an der Peripherie des Kosmos eine immense Fluchtbewegung. Ist unser Universum aber ein 4dimensionales Raum-Zeit-Kontinuum, woran seit Lorentz und Einstein – seit die Konstanz der Lichtgeschwindigkeit empirisch erwiesen ist! – kaum mehr gezweifelt werden kann, dann ist seine Expansion ein qualitativer Vorgang und jede Theorie, die das Auseinanderstreben der Spiralnebel quantitativ, nämlich als echte Geschwindigkeit deutet, ein Rückfall ins 3dimensionale Weltbild. Tatsächlich aber kann die Expansion unseres Kosmos nur als Beweis dafür gewertet werden, daß Qualitäten vergängliche Größen sind, woraus wiederum folgt, daß auch ein ganzes Universum dem Prozeß des Entstehens und Vergehens unterworfen ist. Wenn es uns darüber hinaus noch gelingt, die Unendlichkeit nicht mehr nur – wie die Null – als eine Fiktion, sondern als eine logisch zwingende Realität des niveaulosen Urgrundes zu erfassen, dann sind wir auf dem besten Wege, die kosmischen Phasen der Kontraktion und Expansion, den unablässig-ewigen Kreislauf des Entstehens und Vergehens ganzer Universen zu begreifen. Was letztlich darauf hinausläuft, die Welt in ihrer Ganzheit zu verstehen.
Wie eng gefaßt ist dagegen doch die heute gängige Urknall-Theorie. Sie kommt mit 3 Dimensionen aus, um das expansive Weltgeschehen zu erklären. Weil Raum und Zeit nicht als physikalisch real erachtet werden, bleibt die qualitative Ursache der Expansion verborgen. Folglich mußte eine quantitative Theorie gefunden werden, um das Geschehen zu erklären. Ein Raum, der keine physikalische Realität besitzt, kann nämlich nicht expandieren, noch

kann er die elektro-magnetischen Lichtwellen der fernen Spiralnebel auf ihrem Wege durch den Raum physikalisch beeinflussen. Deshalb wird die Dehnung der Lichtwellen ferner Galaxien 3dimensional-quantitativ, nämlich als Dopplereffekt gedeutet. Bei diesem von dem österreichischen Physiker Chr. Doppler (1803 – 1853) entdeckten Effekt handelt es sich um eine durch die echte Geschwindigkeit des strahlenden Körpers hervorgerufene Änderung der Wellenlänge. In diesem Falle findet die Dehnung der Welle nicht auf dem Wege durch den Raum statt, sondern unmittelbar am Ort der bewegten Strahlenquelle selbst und ist ein Maß für die Geschwindigkeit, mit welcher sich eine Strahlungsquelle und ihr Beobachter (bei einer Verkürzung der Wellenlänge bzw. Blauverschiebung im Spektrum der Wellen) aufeinander zu oder – bei Rotverschiebung – voneinander weg bewegen. Wird nun die Rotverschiebung im Spektrum ferner Galaxien als echte Geschwindigkeit gedeutet, dann muß sie den Eindruck einer Spiralnebel-Flucht erwecken, da die „Wegbewegung“ mit zunehmendem Abstand wächst und immer radial von der Erde weggerichtet ist. Eine echte Fluchtgeschwindigkeit aber muß, wenn sie radial in alle räumlichen Richtungen des Kosmos erfolgt, von irgendeinem feststehenden Punkt in unserem Universum wegführen bzw. dort ihren Anfang genommen haben. Hier wiederum bietet sich – wenn man aufgrund seines 3dimensionalen Weltbildes unbedingt eine quantitative Lösung finden muß – die plötzliche Explosion einer ungeheuren Massemenge, das chaotische Inferno eines kosmischen Urknalls an. Und eben dieser kosmische Urknall wird heute allgemein als die eigentliche Ursache der Expansion, als Grund für die „Flucht“ der Spiralnebel angesehen. Gemäß dieser, mit dem Dopplereffekt begründeten Theorie soll sich die gesamte Masse des Universums einmal im Zentrum des – natürlich eigenschaftslosen – leeren Raumes befunden haben und dann explodiert sein. Die Explosion soll dann so gewaltig gewesen sein, daß die an der Peripherie gerade noch wahrnehmbaren Galaxien seitdem mit immensen Geschwindigkeiten ins Unendliche abziehen, während die näheren Galaxien – einem unterschiedlichen Explosionsdruck folgend – mit geringeren Geschwindigkeiten davoneilen. Die Fragwürdigkeit der Theorie liegt jedoch nicht so sehr darin, daß sie die Erde bzw. das eigene Milchstraßensystem zum zentralen Mittelpunkt des Universums macht – die „Fluchtgeschwindigkeit" ist ja radial von der Erde weggerichtet –, sie liegt vielmehr in der Konsequenz der Theorie, denn in einer Entfernung von etwa 4 bis 5 Milliarden Lichtjahren müßten die Galaxien – schließlich ist die Geschwindigkeit bequem zu errechnen, da sie ja linear mit dem Abstand zur Erde wächst – mit einer für Massen ganz und gar unmöglichen Geschwindigkeit davonrasen, nämlich mit Lichtgeschwindigkeit. Es ist zwar heute noch nicht möglich, so weit in das Universum zu schauen. Deshalb ist die Explosionstheorie empirisch derzeit kaum zu widerlegen, aber eines steht heute schon fest: Wenn wir die Expansion des Universums als eine echte Geschwindigkeit interpretieren, dann haben wir das 3dimensionale Weltbild der klassischen Physik nicht nur nicht überwunden, wir haben es um eine klassische Variante erweitert, nämlich die alte Version der Ursuppe und des Urchaos mit der erstaunlich neuartigen Idee des Urknalls bereichert.

Unsere, durch das Zählen und Messen einseitig quantitativ geprägte Vorstellungsgabe neigt leider dazu, die Beziehungslosigkeit der Quantitäten untereinander und ihr Zusammengewürfeltsein als ein der Natur grundsätzlich innewohnendes Elementarverhalten anzusehen, d.h. also vom Verhalten der Quantitäten auf das Grundverhalten der Natur zu schließen. Die Folge dieser Denkweise ist dann eine aus dem Chaos kommende, sinnleere Zufallswelt, die schließlich und endlich – für den Rest der Ewigkeit – den Kältetod erleidet. In einem solchen Urverhalten der Natur ist wahrhaftig kein Sinn zu erkennen. Im Gegenteil, es ist ja gerade die einseitige Ausrichtung auf ausschließlich quantitative Prozesse, die unser physikalisches Weltbild so primitiv gemacht hat, die ihm den Sinn genommen und dem Atheismus Tür und Tor geöffnet hat. Und weil der Sinn der Welt nachweislich nicht in der Summierbarkeit und Teilbarkeit und folglich nicht in der Veränderung ihrer Quantitäten liegt, kann er nur in der Veränderung ihrer Qualitäten und also nur in ihrer Zeitlichkeit, im Wandel der Dinge und letztlich in der Vervollkommnung ihrer Qualitäten liegen. Denn allein die Tatsache, daß die jeweils erreichten Qualitätsformen zeitlich sind, d.h. also dem Prozeß des Entstehens und Vergehens immer wieder unterworfen sind, das erst garantiert ihren Wandel, ihre Vervollkommnung, garantiert den Fortschritt. Und aus eben diesem Grunde kann eine 4dimensionale Raum-Zeit-Welt keine aus dem Urchaos kommende, mit einem Affenzahn dem Kältetod entgegeneilende Quantitätswelt sein, sondern muß eine auf Entfaltung und Entwicklung ausgerichtete Qualitätswelt sein. Wobei der Wellencharakter der 4dimensionalen Qualitäten das Ineinandergreifen der Kontinuen bewirkt, was wiederum den Zusammenhang in der Zeit-Projektion garantiert, so daß letztendlich das ganze Universum ein durch Überlagerung in sich zusammenhängendes Wellen- bzw. Raum-Zeit-Kontinuum bildet. So bedauerlich auch der Umstand ist, daß ein so offenkundig qualitativer Vorgang, wie die Expansion unseres Universums mit einer 3dimensionalen Explosionstheorie in das quantitative Weltbild eingeordnet wird, so aufschlußreich ist er auch, denn er zeigt, daß die Einsteinsche Erkenntnis, nach welcher unser Universum ein 4dimensionales Raum-Zeit-Kontinuum ist und sein muß, sich bisher nicht gegen die Naturauffassungen der 3dimensional orientierten Physik hat durchsetzen können.

Der innere Beweggrund der Natur

Die elementaren Grundlagen einer 4dimensionalen Raum-Zeit-Welt sind – wie wir inzwischen erkennen konnten – keine toten Materieteilchen, sonderen immaterielle, in sich selbst veränderliche unteilbare Einheiten. Daraus folgt, daß sich der Elementarbereich der Natur gänzlich anders verhalten muß, als das nach den einseitig quantitativ konzipierten Verhaltensregeln der sogenannten klassischen Physik zu erwarten war. Konnte bei dem Konzept einer toten Urmaterie noch angenommen werden, daß unteilbare Elementarteilchen passive, nur auf äußere Einwirkungen – wie z.B. Stoß und Druck – reagierende Naturerscheinungen sind, so ist diese Auffassung bei elementaren Raum-Zeit-Kontinuen völlig fehl am Platze. Sie sind zwar als stehende Wellen auch von außen beeinflußbar, aber als reine Qualitäten vor allem in sich selbst, nämlich von innen her veränderlich. Und was bei Qualitäten von innen her geschieht, das ist zwingend kein quantitativer Prozess, ergo ist der Vorgang auch nicht quantitativ berechenbar, nicht quantitativ bestimmbar. Folglich sind die im Inneren unteilbarer Einheiten stattfindenen Veränderungen dem Kausalitätsprinzip – wonach zukünftige Zustände bei genauer Kenntnis der vergangenen Zustände quantitativ bestimmbar bzw. quantitativ voraus berechenbar sind – nicht unterworfen. Bei akausal ablaufenden Vorgängen wiederum gibt es nur 2 Möglichkeiten der Verursachung. Entweder der Anlaß des Geschehens kommt von innen her, ist also durch den freien Willen bzw. durch eine Individualentscheidung verursacht, oder der Anlaß kommt von außen, dann nämlich ist der vielzitierte Zufall der Urheber des Geschehens. Wenn auch seine Ursachen nicht berechenbar und deshalb auch nicht kausal bestimmbar sind, so ist der Zufall doch stets ein von außen kommendes Ereignis, so daß der Anlaß ein zwar unbekannter, aber doch notwendig quantitativer Vorgang gewesen sein muß. Deshalb können wir bei der Suche nach den inneren Verhaltensregeln unteilbarer Elementareinheiten den Zufall als Urheber von Eigenschaftsveränderungen ausschließen. Das aber heißt, der Elementarbereich der Natur ist freiheitlicher Entscheidungen fähig; seine qualitativen Veränderungen sind das Resultat eines freien Willens!

Jetzt wird auch klar, warum in einem rein quantitativ konzipierten Weltbild der freie Wille keine Basis hat. Warum bei einem einseitig quantitativ orientierten Weltverständnis alle Veränderungsprozesse in der Natur als kausal verlaufend gedacht werden und die Vorgänge, die nachweislich nicht kausal verlaufen, allein und ausschließlich dem Zufall zugeschrieben werden, denn er ist die einzige Ursache, die 3dimensional faßlich von außen kommt, die quantitativ wirksam und doch irgendwie unanschaulich, weil unberechenbar ist. Unter diesen Umständen kann mit einiger Sicherheit angenommen werden, daß uns der Zufall überall da als physikalische Erklärung angeboten worden ist, wo die wahre Ursache der Veränderung gar nicht von außen, sondern von innen kam, nämlich bei allen qualitativen Naturprozessen, die eine Folge des freien Willens sind. Und genau das ist die traurige Bilanz eines Weltbildes, in dem die Zeit keine Realität besitzt, in dem es keine 4dimensionalen Qualitätsprozesse gibt. Ihm fehlt die Möglichkeit und der innere Drang zur qualitativen Veränderung; ihm fehlt der freie Wille! Ohne den freien Willen aber, der die Natur in ihrem Innersten bestimmt, der sie in sich selbst veränderlich macht, der aus 4dimensionalen Raum-Zeit-Kontinuen eine qualitative Welt erschafft, ohne diesen freien Willen wäre die Welt eine rein zufällige und ebenso tot wie das 3dimensionale Weltbild ihrer einseitig quantitativ urteilenden Interpreten.

Die Welt ist also aus guten Gründen beseelt und ihr Elementarbereich aus ebenso guten Gründen freiheitlicher Entscheidungen fähig. Bleibt aber der innere Beweggrund der Natur unerkannt – und das ist dann der Fall, wenn die Verhaltensregeln von Quantitäten als alleingültig gelten und demzufolge auch auf Qualitäten angewendet werden –, dann wird dem blinden Zufall zugeschrieben, was in Wahrheit eine freiheitliche, auf die Qualitätsentfaltung in der Zeit gerichtete Entscheidung ist. Und weil die inneren Beweggründe qualitativer Veränderungen von außen nicht als solche erkannt werden können – denn nur die Akausalität, die Unberechenbarkeit des Vorgangs ist aus räumlicher Sicht erkennbar – sind die Aktionen des freien Willens rein äußerlich vom Zufall nicht zu unterscheiden, so daß sie – wie der Zufall – nur statistisch, nur durch Wahrscheinlichkeitsrechnungen annähernd ermittelt werden können. Diese, auf dem Gesetz der großen Zahl beruhende Berechnungsweise, die die Wahrscheinlichkeit eines eintreffenden Ereignisses anzugeben vermag, wird von der Physik bereits auf atomare Prozesse angewendet, seit sich herausgestellt hat, daß der Elementarbereich der Natur andere Verhaltensmuster zeigt, als dies nach dem Kausalitätsprinzip zu erwarten war. Daß die Physik aus diesen akausalen Verhaltensweisen eine typisch quantitative Konsequenz gezogen und die Vorgänge dem Zufall zugeschrieben hat, dürfte unter den gegebenen Umständen kaum verwunderlich sein. Eine Konsequenz übrigens, der Albert Einstein – anläßlich eines Gesprächs mit dem Atomphysiker Werner Heisenberg – energisch widersprochen hat. Wobei das Fazit seines Widerspruchs uns in dem lapidaren Satz überliefert ist: „Gott würfelt nicht." Aus dieser Feststellung spricht die Einsicht, daß diese Welt keine sich schöpferisch entfaltende sein könnte, wenn ihr elementarer Beweggrund der blinde Zufall wäre. Eine Auffassung, die sich dann als richtig erweist, wenn wir davon ausgehen, daß die Zustände und Ereignisse im Elementarbereich einfach deshalb nicht quantitativ berechenbar, nicht quantitativ erfaßbar sind, weil sie gar keine quantitativen, sondern rein qualitative Ursachen haben. Dann nämlich müssen sie die Folge einer freiheitlichen Willensentscheidung sein. Die Frage: „Freier Wille oder Zufall", könnte also dahingehend beantwortet werden: Treffen wir im Elementarbereich der Natur auf 4dimensionale Vorgänge oder auf eine 4dimensionale Größe, dann dürfen wir mit an Sicherheit grenzender Wahrscheinlichkeit annehmen, daß es sich hier nicht um quantitative Vorgänge, nicht um eine quantitative Größe handeln kann, sondern müssen davon ausgehen, daß es sich hier um 4dimensionale Kontinuumsprozesse, d.h. also um Qualitäten bzw. Qualitätsänderungen und folglich um Vorgänge handelt, die dem freien Willen unterworfen sind. Und genau das ist im Elementarbereich der Fall, denn wir treffen bei atomaren Vorgängen immer wieder auf eine 4dimensionale Größe, die inzwischen als Plancksche Konstante Geschichte und viel Kopfzerbrechen gemacht hat, denn ihr 4dimensionales Geheimnis ist – wie sich denken läßt – nicht quantitativ ergründbar. Wer trotzdem versucht, den 4dimensionalen Qualitätsbereich mit quantitativen Hypothesen zu erfassen, der spekuliert und ist, um es mit Goethe zu sagen:

„Wie ein Tier auf dürrer Heide,
von einem bösen Geist im Kreis herumgeführt,
und ringsumher liegt schöne grüne Weide."

Wenn die Physik bei ihrem Urteil über die Natur nicht dazu übergeht, zwischen dem Verhalten von Quantitäten und Qualitäten grundsätzlich zu unterscheiden, dann wird es ihr auch fürderhin nicht gelingen, das Phänomen des Zufalls und des freien Willens auseinanderzuhalten, obwohl es zwischen beiden Erscheinungsformen sehr prägnante und zum Teil auch wahrnehmbare Unterscheidungsmerkmale gibt. So ist z.B. neben den Vorgängen der Kontraktion und Expansion das Phänomen der Diskontinuität – und dazu gehören natürlich auch die als Mutationen bezeichneten sprunghaften Eigenschaftsänderungen im biologischen Naturbereich – ein untrügliches Zeichen dafür, daß es sich hier nicht um zufällige und ergo auch nicht um quantitative Veränderungen handeln kann,

sondern um 4dimensionale Kontinuumsprozesse handeln muß, die dem logischen Gesetz der Qualität unterliegen. Qualitätsprozesse sind also unter diesem Gesichtspunkt sehr wohl als solche zu identifizieren, denn wo immer auch sprunghafte Eigenschaftsänderungen bemerkt werden, ob im atomaren oder im biologischen Bereich, sie sind ein unverkennbarer Hinweis darauf, daß es sich hier um Vorgänge handelt, die nicht vom Zufall, sondern vom freien Willen bestimmt sind. Und weil es kein quantitativer Vorgang ist oder sein kann, der die qualitative Welt verändert, ist die Evolutionsgeschichte dieser Erde auch nicht die Folge „mutierender Zufälle", wie das von einigen, 3dimensional denkenden Biologen gelegentlich behauptet wird. Der Motor dieser Welt und ihrer Entwicklungsgeschichte ist der Wille nach individueller Existenz und innerhalb dieser zeitlichen Individualexistenz der Wille nach qualitativer Entfaltung, nach qualitativer Vervollkommnung. Wobei Grund zu der Annahme besteht, daß der Sinn und Zweck dieses, in die Zukunft gerichteten Entfaltungs- und Entwicklungswillens nur in der unbewußt wirksamen Absicht liegen kann, irgendwann und irgendwie das eigene Sein – oder richtiger – das universale Sein zu begreifen.
Die Mystiker haben in der Vergangenheit oft darauf hingewiesen, daß eine alles umfassende Welterkenntnis nur durch die nach innen gerichtete Gegenwartserfahrung möglich und also nur durch Selbsterkenntnis zu erlangen sei. Und mir scheint, daß dieser Selbstversuch tatsächlich der einzig gangbare Weg ist, das universale Sein in Anschaulichkeit zu erfassen, da an die verborgenen, von außen nicht einsehbaren Vorgänge in der Zeitprojektion anders gar nicht heranzukommen ist, als von innen, nämlich durch den „Blick" in die eigene Projektion. Eine Auffassung übrigens, die auch ein exzellenter Kenner der indischen Geistesgeschichte, der Philosoph Paul Deussen (1845–1919) mit Nachdruck vertrat und in die Worte faßte:

„Eines können wir mit Sicherheit voraussagen; welche neuen und ungeahnten Wege auch immer die Philosophie kommender Zeiten einschlagen mag, dieses steht für alle Zukunft fest und niemals wird man davon abgehen können: Soll die Lösung des großen Rätsels, als welches die Natur der Dinge, je mehr wir davon erkennen, nur um so deutlicher sich dem Philosophen darstellt, überhaupt möglich sein, so kann der Schlüssel zur Lösung dieses Rätsels nur da liegen, wo allein das Naturgeheimnis sich uns von innen öffnet, das heißt, in unserem eigenen Innern." (2)

Folgen eines falschen Weltbildes für Mensch, Natur und Kreatur.

Wir haben inzwischen herausfinden können, warum das noch bis in unser Jahrhundert hinein gültige Weltbild der Physik falsch war und warum es dies teilweise auch heute noch ist. Erkennbar wurde bei unserer Überprüfung des 3dimensionalen Weltbildes auch, wie leichtfertig die Physik aus der Tatsache, daß bei quantitativen Veränderungsprozessen – wie Summierung und Teilung, Übertragung und Umwandlung – *nichts verlorengeht*, den Schluß gezogen hat, daß die elementaren Qualitäten der Natur – wie „Materie" und Energie – *ewig erhalten bleiben* und folglich unverwüstlich sind. Daß die Natur in unserem physikalischen Weltbild darüber hinaus auch insgesamt einen Unverwüstlichkeits-Charakter erhalten hat, liegt ursächlich daran, daß die Physik alle Prozesse in der Natur ausschließlich quantitativ beschreibt und sie auch so interpretiert und versteht, wie sie sie beschreibt. Infolgedessen ist auch ihr Weltbild ein rein quantitatives. Eine reine Quantität jedoch – das ist eine Menge ohne jedwede physikalische Eigenschaft – ist logisch zwingend eine ewig unveränderliche und ergo völlig unverwüstliche Größe. Deshalb ist – rein logisch gesehen – eine Quantität an sich tatsächlich unverwüstlich; nicht aber ihr qualitativer Inhalt! Hält man nun die Natur, weil man sie in allen Bereichen quantitativ mißt, auch in allen Bereichen für quantitativ wirklich, dann hält man sie in allen Bereichen auch für unverwüstlich. Eine solche Auffassung führt fast zwangsläufig dazu, daß auf die qualitativen Bereiche der Natur wenig oder gar keine Rücksicht genommen wird. Wie sollte man auch einen Naturbereich in seine Verhaltensregeln mit einbeziehen, der rein logisch nicht existiert, weil die Zeit nicht als eine physikalische Realität angesehen wird. Im festen Glauben an die Unverwüstlichkeit der Natur – in den Fundamentalsätzen werden physikalische *Qualitäten* als unzerstörbar postuliert! – hat sich sodann eine Mentalität entwickelt, alles quantitativ Machbare auch zu machen, ohne Rücksicht auf die qualitativen Gegebenheiten der Natur. Und so wird – gestützt auf ein falsches Weltbild – in wenigen Jahrhunderten zerstört, was sich in Jahrmillionen etabliert und entwickelt hat.

Eine Spezies, die sich den göttlichen Auftrag erteilt: „Macht euch die Erde untertan" hat den Mißbrauch der übrigen Kreatur und die zerstörerische Ausbeutung der Erde schon vorprogrammiert. Die eben genannte, als Monotheismus bezeichnete Religionsphilosophie ist übrigens ein geradezu klassisches Beispiel für eine im Grundsatz 3dimensionale, einseitig quantitativ geprägte Naturauffassung, da sie nur den Menschen – nebst seinem persönlichen Gott – als ein beseeltes Wesen betrachtet, den ganzen Rest der Welt aber für unbeseelt bzw. für tot hält. Während die Monotheisten jedoch zur Durchsetzung und Verbreitung ihrer Auffassungen lediglich an den Glauben appellieren, nimmt der Atheismus für sich in Anspruch, auf wissenschaftlich gesicherten Grundlagen zu beruhen. Welche Grundlagen zum Ausgangspukt der Naturbetrachtung gemacht wurden, ist dabei nicht schwer zu erraten, denn eine Philosophie, die nicht nur den Gott der Monotheisten, sondern auch jedwede Beseeltheit der Natur und darüber hinaus auch die Möglichkeit einer göttlichen Weltordnung leugnet, kann nur auf das 3dimensionale Materieteilchen-Weltbild der klassischen Physik gegründet sein. Es ist also der Glaube an eine tote Ursubstanz, der Satz von der Unverwüstlichkeit ihrer Grundlagen, der dazu geführt hat, daß die Natur und jedwede Kreatur von der „Krone der Schöpfung" – sowohl in den monotheistischen, als auch in den atheistisch geprägten Kulturbereichen – verantwortungslos geschunden, skrupellos ausgebeutet und verwüstet wird. Wie auch sollte der einzelne Mensch die Unversehrtheit der qualitativen Welt

in seine Handlungsweisen mit einbeziehen, wenn es in seinem ausschließlich quantitativ konzipierten Weltbild gar keine Verantwortlichkeit der Natur gegenüber gibt, denn die Verantwortung für das Naturgeschehen wird in den beiden genannten Weltanschauungen grundsätzlich vom Menschen weg auf einen großen Unbekannten verlegt. Das ist im monotheistischen Kulturbereich ein allmächtiger Gott, bei den Atheisten ein kleiner Fehltritt im Kausalgefüge, der unbekannte Zufall. Bei einem solchen Weltkonzept bleibt der Mensch natürlich – was immer er auch der Natur und Kreatur antut – im Stande der Unschuld. Ist aber das Weltbild, das sich der Mensch so vorzüglich auf die eigene Person zurechtgezimmert hat, falsch und das ist zwingend dann der Fall, wenn die Welt in ihren elementaren Grundlagen und in ihrer qualitativen Voranentwicklung keine 3dimensionale Quantitätswelt, sondern eine 4dimensionale Raum-Zeit-Welt ist, dann nämlich gilt auch hier – wie in jedem qualitätsorientierten Gesetz , daß Unwissenheit nicht vor Strafe schützt, denn nicht der Glaube, die Handlung wird belohnt oder bestraft. Schließlich ist der 4dimensionale Prozeß des Entstehens und Vergehens ein Kreislauf! Und das heißt nicht nur, daß alles wieder an den Ausgangspunkt zurückkehrt, das heißt auch, daß alles und jedes wieder in den Kreislauf zurück muß, wenn es keine Strategien entwickelt hat, ihm fern zu bleiben.
Was die qualitative Logik der Welt und das daraus resultierende Weltgeschehen betrifft, kann also folgendes gesagt werden: Sind die bisher gültigen, 3dimensionalen Naturinterpretationen falsch, dann sind auch alle, auf das quantitative Weltbild gegründeten Aussagen der Philosophen falsch, oder zumindest doch äußerst fragwürdig, denn dann sind in Religion und Philosophie nur die Aussagen akzeptabel, die die 4dimensionale Wirklichkeit zur Grundlage haben und eben das sind all jene philosophischen Richtungen, in welchen der Kreislauf des Entstehens und Vergehens und sein zeitloser Ausgangspunkt,

der qualitätslose Urgrund eine fundamentale Rolle spielen. Diese, ganz allgemein als pantheistisch bezeichneten Naturauffassungen sind unverkennbar an einem 4dimensionalen Weltgeschehen orientiert. Und das gilt insbesondere für die buddhistische Richtung, da nach ihrem Naturverständnis nicht der Zufall oder ein persönlicher Gott die Ursache für die qualitative Vielfalt der Welt ist, sondern die Zeit! Und weil der Prozeß des Entstehens und Vergehens von Qualitäten ein Kreislauf in der Zeit-Dimension ist, der immer wieder nach Null hin aufgeht und von Null herkommt, kann niemand wissen oder mit Sicherheit voraussagen, in welchen beseelten Bereich der Natur er gelangt, wenn er das Nullniveau bzw. die zeitlose Zustandsform verneint, resp. verläßt. Schließlich ist die ganze Natur lebendig, die ganze Natur beseelt. Und wer will da mit Sicherheit ausschließen können, daß seine neu erworbene, zeitliche Gegenwartsqualität – sein Ich also – späterhin nicht genau in dem Bereich der lebendigen Natur angesiedelt ist, den er gerade dabei ist mitleidslos zu schinden, brutal zu quälen oder auf grausame Weise umzubringen?
Jetzt wird auch verständlich, warum in einer an den 4-dimensionalen Gegebenheiten der Natur orientierten Philosophie – wie es z.B. die buddhistische ist – andere Moralprinzipien gelten, als wir sie in unserem – auch in seiner Philosophie – ausschließlich 3dimensional-quantitativ geprägten Kulturbereich vorfinden. Wer den immer wieder von Null ausgehenden Kreislauf des Entstehens und Vergehens von Qualitäten in all seinen Konsequenzen begriffen hat, wird – gestützt auf diese Erkenntnisse – andere sittliche Normen, andere ethische Bedingungen zur Grundlage seiner Handlungsweisen machen, als dies in den Kulturbereichen geschieht, die eben diesen, von Null herkommenden Prozeß nicht kennen, weil sie die Null, ebenso wie die Zeit nicht als eine universale Realität, sondern als eine Fiktion betrachtet haben. Das Ergebnis dieser „zeitlosen", auf das 3dimensionale Denken be-

schränkten Betrachtungsweise ist eine ebenso beschränkte Philosophie, nämlich eine Philosophie, die allein und ausschließlich den Menschen in den Mittelpunkt der Welt stellt. Das gilt für alle, auf das quantitative Weltbild gegründeten Weltanschauungen, ganz gleich, ob sie nun monotheistisch oder atheistisch ausgerichtet sind. In ihnen wird nur der Mensch für ein denkendes Wesen gehalten; der Rest der Natur gilt als minderwertig, lediglich dazu da, der Verbreitung des Menschen und seinem Fortschritt zu dienen. Die Folgen dieses Verhaltens sind überall erkennbar, denn so schlimm wie der Mensch hat noch kein Lebewesen auf dieser Erde vor ihm gehaust. Der ungezügelte Vermehrungswahn einerseits und der unaufhaltsame „Fortschritt" andererseits haben die Natur inzwischen schon so sehr geschädigt, daß ihre völlige Zerstörung kaum mehr aufzuhalten ist, wenn der Mensch seine einseitig auf die quantitative Logik gegründeten Denkgewohnheiten beibehält. Ist nämlich unsere Annahme richtig, daß das 3dimensionale Weltbild die Grundeinstellung des Menschen der Natur gegenüber wesentlich geprägt hat, dann muß zunächst einmal der Irrtum erkannt werden, d.h. wir müssen wissen, warum das uns allen so plausibel erscheinende Weltbild falsch ist, denn ohne die Einsicht, daß sich die Natur in ihren qualitativen Bereichen gänzlich anders verhält, als in ihren quantitativen, daß sich ihre physikalischen und biologischen Eigenschaften nach völlig anderen logischen Gesetzen ändern, als den uns bisher bekannten, quantitativen Gesetzmäßigkeiten, sind die falschen Verhaltensweisen des Menschen im Umgang mit Natur und Umwelt nur schwer abzubauen. Wie auch sollte jemand, der nur den quantitativen und also nur den halben Bereich der Natur begreift, so handeln, als ob er die ganze, die 4dimensionale Realität der Welt erfaßt hätte? Und eben das zu erreichen, nämlich die ganze Natur zu erfassen, ist für ein beharrlich 3dimensional denkendes Wesen äußerst schwierig, denn nicht nur die Zeit, auch die Null muß als Realität, d.h. als eine reale Daseinsform verstanden und begriffen werden. Das wiederum ist eine Bedingung, die nur erfüllt werden kann, wenn der Mensch einsieht, daß er für den qualitativen Bereich der Natur die Regeln und Verhaltensmuster quantitativer Veränderungsprozesse völlig ausschließen muß, ja sie sogar vergessen muß, wenn er für den bisher unbekannten Rest der Welt, für die Prozesse in der Zeit-Dimension eine echte Anschaulichkeit gewinnen will.

Um die Gegensätzlichkeit der beiden Naturbereiche voll zu erfassen, wollen wir ihre konträren Verhaltensmuster noch einmal rekapitulieren: So sind Quantitäten beispielsweise übertragbare Größen. Qualitäten aber sind das nicht! Sie nämlich sind nicht durch quantitative Summierungsvorgänge zusammengefügt, nicht sinn- und wahllos zustandegekommen wie Quantitäten, sondern in der Zeit gezielt entwickelt und erworben worden. Quantitäten wiederum sind teilbare Größen. Qualitäten aber sind das nicht! Sie sind nicht, wie Quantitäten vom Zufall zusammengewürfelt und können deshalb auch nicht vom Zufall getrennt werden, denn sie sind unteilbare Größen. Sie sind durch Kontraktion, nämlich durch den elementaren Willen, einen gemeinsamen Mittelpunkt zu bilden, zusammengefügt. Was aber in der Zeit-Dimension durch Kontraktion und infolgedessen durch Überlagerung zusammengekommen ist, das bildet in der Zeitprojektion eine Amplitude, einen gemeinsamen Knotenpunkt und ist aus eben diesem Grunde ein in sich zusammenhängendes Ganzes, ein in der 4. Dimension zustandegekommenes Raum-Zeit-Kontinuum. Und weil der Unteilbarkeits-Charakter eines jeden Raum-Zeit-Kontinuums seine Ganzheit garantiert bzw. voraussetzt, nimmt das Ganze Schaden, wenn es in einem seiner Teilbereiche geschädigt wird. Eine physikalische Verhaltensweise – die wir bei den Qualitäten Trägheit und Gravitation sogar aus Erfahrung kennen – gilt nämlich für alle Qualitäten und zwar deshalb, weil sie Zeitwellen sind: Sie bilden in der Projektion der 3 räumlichen Richtungen einen gemeinsamen Knotenpunkt, bei der Qualität Trägheit auch Schwerpunkt genannt. Deshalb ist der Qualitätsbereich der Natur ein – vom Kleinsten bis zum Größten – in sich verschachteltes, in sich selbst zurückgeführtes, gewissermaßen rückgekoppeltes Qualitätsgefüge, das in einigen Jahrmillionen entwickelt worden ist, in dem jedes seinen Platz und seine Daseinsberechtigung hat, weil es seine Zeit in seine Evolution investiert hat. Bedenken wir darüber hinaus, daß in einer 4dimensionalen Welt die Zeit – auch die unsere! – in sich selbst zurückgeführt ist, dann wird offenbar, daß die als Arterhaltung bezeichnete Weitergabe von Erbanlagen ihren tieferen Sinn in eben diesem Kreislauf hat.

Da alle Lebewesen – was ihre elementaren Eigenschaften Ich und Wille betrifft – Egoismen sind, nur darauf bedacht, das eigene Selbst zu entfalten und zu erhalten, paßt die Arterhaltung nicht ganz in dieses egozentrische Konzept, denn sie nützt der eigenen Existenzform nicht im geringsten, sondern bringt nur andere Individualexistenzen zum Zuge und ist zudem – was die unmittelbar nächste Generation betrifft – mit übergroßem Aufwand verbunden. Gehen wir aber davon aus, daß alle qualitativen Erscheinungsformen über die Null, d.h. also über den qualitätslosen Urgrund in sich selbst zurückgeführt sind, ja sogar ohne Kenntnis dieses Kreislaufes und seiner Aufhebung immer wieder darin verstrickt sind, dann wird die Vermutung einer Reinkarnation fast zur Gewißheit, denn dann ist die Wahrscheinlichkeit groß, daß Arterhaltung eine bisher unerkannte Form der Selbsterhaltung ist, nämlich die Vorsorge aller Lebewesen, den in der Zeit bzw. in der Evolution erreichten Lebensstandard immer wieder vorzufinden. Schließlich können wir einen Tatbestand als zwingend ansehen, nämlich den, daß die Welt keine 3dimensionale, sondern eine 4dimensionale Raum-Zeit-Welt ist. Ist sie das, dann ist auch der Kreislauf des Entstehens und Vergehens in dieser Welt zwingend. Ist der Kreislauf des Entstehens und Vergehens zwingend, dann gibt es keinen Grund anzunehmen, daß er nur einmal erfolgen, nur einmal durchlaufen werden kann. Kann er aber immer wieder durchlaufen werden, dann ist es ebenso wahrscheinlich wie plausibel, daß er genau in die Bereiche zurückführt, die der Umweltfrevler hinterlassen hat, so daß niemand sicher sein kann, daß seine Verbrechen an Mensch, Natur und Kreatur nicht letztendlich ihn selber treffen. So gesehen hat die 4dimensionale Welt der Raum-Zeit-Kontinuen nicht nur einen Sinn und einen Zweck – nämlich den der Vervollkommnung – es herrscht darin auch das Prinzip der Gerechtigkeit. In diesem Fall aber besteht durchaus die Möglichkeit – wie im Urbuddhismus postuliert –, daß jeder für seine Missetaten selber büßen muß. Und weil eben diese Konsequenz nicht auszuschließen ist, daß wir die Folgen unserer Taten in einer späteren Daseinsform an uns selbst erfahren, tut jeder gut daran, sich in die Lage der von ihm geschundenen Kreatur zu versetzen, damit er weiß, was ihn fürderhin erwartet. Deshalb muß unsere elementare Verhaltensnorm im Umgang mit Mensch und Tier – wie in der buddhistischen Ethik gefordert – das Mitleid! sein, denn das Erfolgsrezept der Natur, Gerechtigkeit zu üben, ist in dem über Null erfolgenden Kreislauf des Entstehens und Vergehens, bzw. in der Schwäche der Rückkehr von der Zeitlosigkeit in die Zeitlichkeit begründet.

„Rückkehr ist Tao's Bewegnis,
Schwachsein ist Tao's Gepflegnis.
Alle Wesen entstehen aus dem (qualitativen) Sein.
Das (qualitative) Sein entsteht aus dem (qualitätslosen) Nichtssein.“ Lao Tse (33)

Dieser von Lao Tse (395 – 305 v.Chr.) vor mehr als 2 Jahrtausenden verfaßte Text zeigt – wie eine Reihe weiterer Texte seiner Schrift „Tao Te King“ –, daß der chinesische Philosoph über die in einer 4dimensionalen Raum-Zeit-Welt ablaufenden Prozesse etwas mehr gewußt haben muß, als sich unsere Schulweisheit heute träumen läßt. Allein der Titel seiner Schrift bringt ihren Inhalt bzw. das

Wesentlichste seiner Erkenntnisse schon zum Ausdruck, denn seiner eigenen Definition zufolge ist „Tao“ der an sich unanschauliche und deshalb nicht körperlich beschreibbare, ewig unveränderliche, ewig ruhende, zeitlose Urgrund der Natur. „Te“ widerum wird von Lao Tse als die elementare Kraft definiert, die den ewigen Wandel in der Natur bewirkt, aber auch als eine Kraft verstanden, die der Mensch aus der Versenkung in den als Tao bezeichneten Urgrund schöpfen kann. Womit wir wieder beim Thema Versenkung wären, zu dem noch etwas gesagt werden muß, bevor wir uns mit eben jenen Philosophen näher befassen, die – wie Lao Tse – den zeitlosen Urgrund der Natur aus Erfahrung gekannt haben müßten. Zu diesem Zweck wollen wir uns zunächst einmal mit dem Begriff „Empirik“ beschäftigen.
In des Wortes reiner Bedeutung ist jemand, der sich auf die Erfahrung als Erkenntnisgrundlage stützt, ein Empiriker. Die Naturwissenschaft ist also deshalb eine empirisch gesicherte Wissenschaft, weil sich ihre Aussagen auf Versuche bzw. auf Erfahrungen stützen. Das gilt allerdings nicht für die Aussage, daß es in der Natur *keinen* Prozeß gibt, bei dem Energie neu entstehen oder gänzlich vergehen könnte, denn um den empirischen Beweis für diese Aussage antreten zu können, müßte die Naturwissenschaft *alle* Prozesse in der Natur aus Erfahrung kennen. Da sie aber nicht alle Naturprozesse kennen kann, müßte sie zumindest allwissend sein, um diese Aussage zu begründen. Allwissenheit aber ist heute leider noch kein empirisch gesicherter Tatbestand. Es ist also nicht alles, was die Naturwissenschaft als empirisch gesichert ansieht, auch wirklich mit der Erfahrung begründet. Ein Umstand übrigens, der den Gedanken aufkommen läßt, daß die Naturwissenschaft möglicherweise auch da, wo es um eine tatsächlich auf Erfahrung gegründete Aussage geht, einem Fehlurteil unterliegen kann. So ist z.B. die Selbsterfahrung durch Versenkung für den Naturwissenschaftler *keine Empirik*. Dieser Standpunkt ist insofern auch plausibel,

als dem Naturwissenschaftler die Erfahrung des eigenen Ichs schon deshalb suspekt erscheinen muß, weil sein Wissensdrang – wie seine Meßtätigkeit – allein und ausschließlich auf die Außenwelt, d.h. also auf die Dinge und Vorgänge außerhalb seiner selbst gerichtet ist. Da er aber mit dieser Methode nur die äußere Wirklichkeit erfahren kann, nicht aber die Zeit, denn die ist ja im Innern der Dinge wirklich und von außen gar nicht wahrnehmbar, fehlt es ihm ganz eindeutig an Zeiterfahrung und ergo auch an Zeiterkenntnis. Der Begriff „Empirik" wird also – seit das Meßergebnis unser Weltbild regiert – von der Naturwissenschaft sehr einseitig verwendet, nämlich nur auf Naturerkenntnisse, die die äußere Wirklichkeit der Dinge und Vorgänge erfassen. Entsprechend einseitig ist das daraus resultierende Weltbild, denn in einem Weltbild, in dem das quantitative Meßergebnis regiert, in dem regiert leider auch das quantitative Denken. Die Folgen sind absehbar, sowohl für das Weltbild, als auch für den, der die Zeit aus Erfahrung kennt. Da qualitative Zeitvorgänge einer völlig anderen Wirklichkeit zugehören, als es das quantitative Weltbild überhaupt erahnen läßt, verstößt der 4dimensional urteilende Naturinterpret immer wieder gegen den gesunden Menschenverstand, nämlich gegen die dem 3dimensionalen Denken entstammenden und daher außerordentlich plausibel erscheinenden „Weltwahrheiten". Dessen ungeachtet gilt aber doch, daß Erkenntnisse, die auf Tatsachen gegründet sind, empirisch gesicherte Erkenntnisse sind. Die Zeit ist eine Tatsache, folglich ist eine Erkenntnis, die auf Zeiterfahrung beruht, gleichfalls eine empirisch begründete Erkenntnis. Wer sagt und beweist uns denn, daß *nur* räumliche Erfahrungen eine gesicherte Kenntnisgrundlage bilden? Das mag in einer 3dimensionalen Welt richtig sein. Die Welt aber ist keine 3dimensionale; sie ist in Wahrheit eine 4dimensionale Raum-Zeit-Welt, und in einer solchen sehen fundamentale Weltwahrheiten ein wenig anders aus, als die ewig tote Energiesatzwelt der ausschließlich räumlich orientierten Empirik. Fazit: Auch Mystiker sind Empiriker, jedenfalls dann, wenn sie ihre Erfahrung tatsächlich in der Zeitprojektion gemacht haben. Sie allerdings sind Empiriker, die ihr Begriffsrepertoire nicht aufeinander abgestimmt haben, wie das in der 3dimensional quantitativ orientierten Empirik so vorzüglich geschehen ist. Dies alles in Betracht ziehend, sollte auch die Naturwissenschaft dazu übergehen, die Aussagen der Mystiker über den niveaulosen Urgrund aller Dinge ernst zu nehmen.

So alt wie das Bemühen der Menschen, die Existenzgrundlagen der Welt zu erfassen, so alt ist auch die Erkenntnis, daß dies nur durch die Erfahrung des eigenen Selbst, nur durch die Ich-Erfahrung möglich ist. Eine Erkenntnis übrigens, die wesentlich älter ist, als der Heraklitsche Hinweis auf seine Selbst-Erfahrung, denn lange bevor Heraklit seinen Zeitgenossen erklärte, daß Weisheit nicht durch Vielwissen, sondern nur durch die Erforschung des eigenen Selbst zu erlangen sei, und lange bevor Buddha Gautama durch sein Versenkungserlebnis den ewigen Kreislauf des Entstehens und Vergehens in der Natur erkannte, gab es im indischen Kulturbereich schon einige „Mystiker", die den Standpunkt vertraten, daß das wahre Wesen der Welt nicht durch die Kenntnis der äußeren Wirklichkeit der Dinge auffindbar ist, sondern – da es im Innern der Erscheinungsformen liegt – nur durch die Kenntnis des eigenen Selbst, nur durch Versenkung erfaßbar ist. Mit dem wichtigsten Denker dieser Richtung aus der grauen Vorzeit indischer Geistesgeschichte und einer Reihe weiterer Mystiker aus Ost und West wollen wir uns in den nächsten Kapiteln näher befassen. Dabei wollen wir unsere Aufmerksamkeit vornehmlich auf die Aussagen lenken, die in irgendeiner Weise mit dem bisher Gesagten identisch sind.

Östliche und westliche Mystik
Zitate und Einsichten

In den Upanischaden – das ist eine etwa 800 Jahre v.Chr. begonnene Sammlung philosophisch-religiöser Texte – sind die Lehren und Erkenntnisse einer Reihe indischer Denker aufgezeichnet. Die Sammlung geht in ihren Anfängen auf diverse, bis dahin nur mündlich überlieferte Texte zurück, die dann in der Folgezeit immer wieder durch neue Texte ergänzt und erweitert wurden. Besonders interessant ist an einigen dieser zunächst als Geheimlehre verbreiteten Aufzeichnungen, daß darin erstmalig in der Geistesgeschichte der Menschheit die Erkenntnis vermittelt wird, daß der zeitlose Urgrund aller Dinge – Braman genannt – und das innerste Selbst, das Ich der Einzelwesen – Atman genannt – wesensgleich sind. Die Erkenntnis aber, daß Braman und Atman eines sind, daß aus der ewig in sich selber ruhenden Weltseele Braman alles hervorgeht, um nach dem Kreislauf des Entstehens und Vergehens wieder dahin zurückzukehren, kann nicht auf die Erfahrung der äußeren Wirklichkeit gegründet sein, denn die Vielfalt der räumlichen Erscheinungsformen legt eigentlich den Schluß nahe, daß die geistige Heimat und Herkunft der Dinge ebenso vielfältig ist wie die wahrnehmbare Welt, nämlich durch eine Vielzahl von Göttern und Dämonen verursacht und beherrscht wird, wie das in den philosophischen Anfängen der Menschheit, in den Naturreligionen der Fall war. Die genannten Upanischad-Erkenntnisse können aber auch nicht das Resultat einer Offenbarung sein, denn eine Gott-Mensch-Beziehung, wie sie in den vom Persönlichkeitsdenken getragenen Religionen jüdischen Ursprungs gepflegt und verkündet wird, gibt es in der indischen Philosophie nicht. Und aus eben diesen Gründen sind die Texte, in welchen indische Philosophen davon sprechen, daß ihre Erkenntnisquelle das eigene Ich, das eigene Selbst gewesen sei, überaus ernstzunehmende Dokumente einer durch Selbsterkenntnis erlangten Weltweisheit.

Yagnavalkya

Aus dem tiefen Dunkel der von Versenkung geprägten Geistesgeschichte Indiens ragt ein Denker besonders hervor, der Philosoph Yagnavalkya. Da seine Lebenszeit unbekannt ist, aber lange vor der des als Buddha verehrten Philosophen Siddharta Gautama gelegen haben muß – der etwa 500 Jahre v.Chr. lebte –, ist Yagnavalkya der älteste bzw. der erste Mystiker, von dem wir Kenntnis haben. Die Grundlage seiner Philosophie war die Erkenntnis, daß durch die Erfahrung des eingenen Ichs das ganze Weltall erfaßbar wird. So soll er der Legende nach seiner Frau Maitreyi, die ihn bei seiner Lehrtätigkeit lange als Jüngerin begleitet hat, auf die Frage, wie man zur Welterkenntnis gelangen könnte, geantwortet haben:

> „Das Selbst, fürwahr, soll man verstehen, o Maitreyi; wer das Selbst gesehen, erkannt und verstanden hat, vom dem wird diese ganze Welt gewußt!“ (3)

An einer anderen Stelle der Upanischaden – die wahrscheinlich auf ihn zurückgeht – wird darauf hingewiesen, daß man nicht durch Genie und Bücherwissen, nicht durch irgendein Studium zur letzten Erkenntnis der Dinge vordringen kann, sondern durch andere Vorbedingungen, als da sind geistige Sammlung, Abziehen der Aufmerksamkeit von der Außenwelt und eine völlige Aufgabe des Willens. Nur wer diese Bedingungen erfüllt, kann zum Kern seines Selbst, zu Atman gelangen und damit zur Welterkenntnis. An einer weiteren Textstelle heißt es dann:

> „Nur wer das Unvergängliche kennt, wird der Erlösung teilhaftig.“ (4)

Wobei der Begriff „Erlösung" in der indischen Philosophie anders verwendet wird als im christlichen Kulturbereich, nämlich in dem Sinne, daß die Wiederkehr der Seele beendet bzw. der Kreislauf des Entstehens und Vergehens endgültig unterbrochen ist. Das wiederum heißt mit anderen Worten: Atman – das ist die zeitliche, die qualitative, die individuell-persönliche Zustandsform der Seele – erreicht nicht nur, wie alles Sterbliche, notwendig die zeitlos-niveaulose Zustandsform des Braman, sondern verbleibt darin. Was natürlich nur möglich ist, wenn der Wille nach individueller Existenz völlig aufgegeben worden ist. Und so sagt denn auch Yagnavalkya:

> „Wer ohne Verlangen, frei von Verlangen, gestillten Verlangens, selbst sein Verlangen ist, dessen Lebensgeister ziehen nicht mehr aus, sondern Braman ist er, und in Braman geht er auf." (5)

Die persönliche Seele, die den Menschen des jüdischen, christlichen und islameitischen Glaubens so außerordentlich bedeutungsvoll erscheint, daß sie sie für unsterblich halten, verschwindet bei dieser Form der Erlösung. Sie geht in die Weltseele Braman ein, „wie ein Fluß, der Name und Gestalt verlierend im Meer verschwindet."

Buddha Gautama

Auch der indische Philosoph Siddharta Gautama war fest davon überzeugt, daß das Verbleiben in der zeitlosen Zustandsform des Nichts die einzig erstrebenswerte Erlösung von allen Übeln der Zeitlichkeit ist. Wie Yagnavalkya, so erkannte auch Buddha Gautama, daß nur der dem ewigen Kreislauf des Entstehens und Vergehens entrinnen kann, der zunächst einmal den Kreislauf als solchen erkannt, aber auch seine verborgenen Ursachen erfaßt hat, denn: Wer nicht weiß, daß der Persönlichkeits-Wahn die eigentliche Ursache des zeitlichen Ich-Seins ist, der bleibt

der Individualüberschätzung und den daraus resultierenden, niedrigen Beweggründen – als da sind: Habgier und Machtgier, Neid und Mißgunst, Mißachtung und Überheblichkeit gegenüber allen anderen Kreaturen der Natur usw., usw. – unabdingbar verhaftet. Diese, das Kreislaufgeschehen im Kern treffende Einsicht ist eine in den Upanischad-Texten immer wiederkehrende Grundtendenz der Philosophie Gautamas. Die üblen Eigenschaften der Ichüberschätzung treten zwar nicht immer offen zutage, denn der niedrige Charakter dieser selbstsüchtigen Verhaltensweisen ist durchaus bekannt und wird in seiner Amoralität auch allgemein verachtet, das aber bedeutet keineswegs, daß der Mensch gewillt oder bereit wäre, seine ichbetonten Begierden abzulegen. Er hat es lediglich gelernt, sie geschickt zu verbergen oder ihnen ein beschönigendes Mäntelchen umzuhängen. Aber gerade diese, von uns bereits als selbstsüchtig erkannten Eigenschaften machen es dem uneinsichtigen Menschen unmöglich, den Zustand der Erlösung, die zeitlose Gegenwartsform des Nirwana für immer zu erreichen. Der tiefere Grund dieses Unvermögens ist der blinde Wille, „Gestalt und Namen zu haben", wie es in den Upanischaden heißt. Der immer wiederkehrende Drang, „in der Zeit etwas zu sein", ist also der eigentliche Kern unserer Selbstsucht, denn aus diesem inneren Beweggrund resultiert ursächlich alles Leid, das wir uns und anderen zufügen und darüber hinaus auch schicksalhaft erleiden müssen. Wenn wir nämlich dazu übergehen, unseren kurzen Lebensweg einmal kritisch zu überdenken, werden wir sehr bald feststellen, daß die leidvollen Erfahrungen darin die freudvollen bei weitem übertreffen. Die Rechnung Freud und Leid geht nicht – wie Ich und Wille – nach Null hin auf; die negativen Lebensumstände übersteigen die positiven oft so sehr, daß es sich eigentlich nicht lohnt, sie für einige wenige Augenblicke des Glücks in Kauf zu nehmen.
Wer aber läßt sich schon für einen so hohen Einsatz, wie es der Verlust des Zeitlos-ewig-Seins ist, so schlecht be-

zahlen? Wer schon läßt sich für den Preis einer ewig unbeschwerten Daseinsform – anstatt mit einer kurzen, dafür aber doch durchgehend angenehmen, durchgehend glücklichen Existenzform – mit einer Unzahl widriger Lebensumstände entlohnen? Doch nur der, der nicht weiß, welchen Preis er tatsächlich zahlt! Und folgerichtig vermittelt uns der indische Philosoph Gautama in seiner Lehre vom Leid und von der Aufhebung des Leidens die Einsicht, daß es das Nichtwissen ist, das den Kreislauf des Entstehens und Vergehens in Gang hält. Wer nämlich nicht weiß, was ihn die kurze Zeitspanne seiner mehr leidvollen als freudvollen Existenz tatsächlich kostet – sie kostet die zeitlos ewige Gegenwart! – der ist und bleibt blind für die Wahrheit über sich selbst; der ist und bleibt blind für die Ursachen seiner zeitlichen Existenz, der ist und bleibt blind für das Woher und Wohin seines Selbst. Er kann sich dem ewigen Kreislauf des Entstehens und Vergehens nicht entziehen, weil er, die Zusammenhänge nicht erkennend, wie die Maus im Laufrad das Ende seines Weges bzw. „das Ende der Welt" nicht erreichen kann. Und aus eben diesen Gründen beginnt im „Rad des Lebens" – das ist eine auf Buddha Gautama zurückgehende, geometrische Darstellung der aufeinanderfolgenden Daseinsstufen in der Zeit – der Kreislauf des Entstehens und Vergehens mit der Phase des Nichtwissens, der Unwissenheit und Blindheit. Diese erkenntnislose Zustandsform der Seele, die vor den Ereignissen der Empfängnis und Geburt liegt, wird im Rad des Lebens dann abgelöst von der Phase der Willensbildung, und der Trieb zum Leben beginnt. Die darauf wiederum folgende Phase der unbewußten Seele endet mit dem Augenblick der Empfängnis, worauf sodann – parallel mit dem Wachstum des Organismus – die Individualität der Seele entsteht. Darauf folgen dann die weiteren Stadien des Lebens, bis sich bei Tod und den darauf folgenden Vorstufen des Entstehens der Kreis des Lebensrades wieder schließt.

Die Lehrtätigkeit des Buddha Gautama war natürlich nicht nur darauf beschränkt, die Ursachen des Leidens aufzuzeigen, sie war vor allem darauf ausgerichtet, den Weg zur Aufhebung des Leidens deutlich zu machen. Und so beginnt in seinem Weltbild der erste Schritt zur zeitlos ewigen Daseinsform mit der Aufhebung des Nichtwissens, nämlich damit, sich selbst zu erkennen, die Ichbezogenheit der eigenen zeitlichen Existenz zu erfassen und im Gefolge dieser Erkenntnis, die eigene Habgier, den eigenen Geiz, die eigene, ständig als Gerechtigkeitssinn ausgegebene Mißgunst, die eigene Selbstgerechtigkeit, die eigene Intoleranz usw. usw. abzubauen. Nur der von seinen niedrigen Beweggründen ablassende, sich in Selbstlosigkeit übende Mensch hat eine Chance, die selbstlose Zustandsform des Nirwana zu erreichen. Wie auch sollte diese zutiefst ersehnte, allem irdischen Leid und allen irdischen Gemeinheiten enthobene und aus eben diesem Grunde ich – bzw. selbstlose Daseinsform des Nirwana anders zu erreichen, anders für die Ewigkeit zu gewinnen sein, als eben durch Selbstlosigkeit? Wenn wir dahin gelangen wollen, wo es kein Entstehen und Vergehen mehr gibt, wo das Ende der Welt erreicht ist, dann müssen wir die uns Menschen in besonderem Maße eigene Ichbezogenheit nicht nur geistig, wir müssen sie auch in unseren Handlungsweisen gänzlich aufgeben. Bedenken wir dann noch, daß die Zeit in unserer Projektion und der Weg zur Welt- und Selbsterkenntnis in unserem Innern liegt, dann verliert eine aus 3dimensionaler Sicht völlig unverständliche Aussage des Buddha Gautama ihren Widersinn und offenbart die 4dimensionale Weltweisheit des indischen Philosophen. Dieser nämlich antwortete auf die Frage eines Jüngers:

> „Herr, ist es möglich, durch Wandern das Ende der Welt zu erkennen, zu schauen, zu erreichen, wo keine Geburt, kein Altern, kein Sterben, kein Vergehen und kein Entstehen ist?"
> „Freund, ich lehre nicht, daß dieses Ende der Welt, wo keine Geburt, kein Altern, kein Sterben, kein Vergehen und kein Entstehen ist, durch Wandern zu erkennen, zu schauen und zu erreichen sei...
> und doch Freund lehre ich nicht, daß man ohne das Ende der Welt erreicht zu haben, dem Leiden ein Ende machen kann. Und so verkünde ich, Freund, daß in eben diesem Leibe mit seinem Wahrnehmen und Denken die Welt liegt und die Entstehung der Welt und die Aufhebung der Welt und der Pfad, der zur Aufhebung der Welt führt.
> Durch Wandern ist das Ende der Welt niemals zu er-

reichen. Und doch gibt es, wenn man das Ende der Welt nicht erreicht hat, keine Befreiung vom Leiden. Deshab, wahrlich, ersehnt der Weise, der die Welt kennt, der zum Ende der Welt geht und ein heiliges Leben führt – nachdem er das Ende der Welt, welches er erkennt, verwirklicht hat – für sich weder diese noch eine andere Welt.“ (6)

Viele der auf Buddha Gautama zurückgehenden Upanischad-Texte ließen sich noch als Beweis dafür anführen, daß der indische Philosoph die Zeit und mit der Zeit natürlich auch die 4-Dimensionalität der Welt erkannt haben muß. Sie alle aufzuzeigen aber hieße „Eulen nach Athen tragen“, denn unser 4dimensionales Denkvermögen ist inzwischen so weit fortgeschritten, daß wir durchaus in der Lage sind, 4dimensionale Naturprozesse auch ohne die Gleichnisse des großen Inders zu verstehen.

Zen

Wer über Versenkung spricht, kann Zen nicht ignorieren, ganz gleich wie er zu der Tatsache steht, daß dem in China entwickelten und später auch in Japan verbreiteten Zen-Buddhismus weder eine religiöse Basis noch ein philosophisch ausgearbeitetes System zugrunde liegt. Die Zen-Sekte mit ihren Versenkungsschulen wurde etwa 500 Jahre n.Chr. von Bodhidharma – dem ersten Zen-Patriarchen, der in hohem Alter von Indien nach China gekommen sein soll – gegründet. Das Bestreben dieser Sekte ist im Prinzip darauf ausgerichtet, das Versenkungserlebnis bzw. den im Zen-Budhismus als „Satori“ bezeichneten Moment der Erleuchtung durch bestimmte Meditationsübungen zu provozieren. So seltsam uns auch die Meditationsanleitungen des Zen erscheinen mögen – der Schüler wird veranlaßt, auf absurde Fragen, wie z.B.: „Warum heißt die Hand Hand?“ usw., durch Nachdenken eine Antwort zu finden – so scheint diese Methode gelegentlich doch Erfolg zu haben, nämlich den Erfolg, daß der Meditierende durch die übergroße Geistesanspannung, mehr zufällig als gezielt, genau den Punkt trifft, der nach innen führt. Eine Aussage, die diesen Eindruck bestätigt, findet sich bei Suzuki, einem der bedeutendsten Zen-Lehrer unseres Jahrhunderts. Er schreibt über Satori:

> „Satori ist das überraschende Aufflammen einer bislang nicht einmal erträumten neuen Wahrheit im Bewußtsein. Es ist eine Art geistiger Katastrophe, die plötzlich eintritt, wenn viel Stoff an Begriffen und Beweisen aufgehäuft worden ist. Dieses Aufstapeln hat die Grenze an Tragfähigkeit erreicht, das ganze Gebäude stürzt in sich zusammen, und siehe, ein neuer Himmel öffnet sich weit dem Blick. Wenn der Gefrierpunkt erreicht ist, verwandelt sich Wasser plötzlich in Eis, das Flüssige ist plötzlich fest geworden und strömt nicht mehr frei dahin. Satori kommt unvermutet über einen Menschen, wenn er fühlt, daß er sein ganzes Sein erschöpft hat. Religiös gesehen ist es eine Wiedergeburt; intellektuell bedeutet es die Erreichung eines neuen Blickpunktes. Die Welt erscheint jetzt wie in einem neuen Gewand, das die ganze Häßlichkeit der Gegensätze zudeckt, die nach buddhistischer Auffassung reine Täuschung sind." (7)

An einer anderen Textstelle sagt er über das Versenkungserlebnis noch folgendes:

> „Wie Joshu erklärte: ‚Zen ist euer tägliches Denken', so hängt es von der Art, wie eine Türangel angebracht ist ab, ob die Tür nach innen oder nach außen aufgeht. Ein Augenblick genügt, und alles ist verwandelt, du hast Zen und bist so vollkommen und natürlich wie immer. Ja, noch mehr; du hast im selben Augen-

> blick etwas völlig Neues erreicht. Alle deine geistigen Kräfte wirken in einem neuen Grundton, beglückender, freudiger als je zuvor. Die Tonart des Lebens ist geändert. Es liegt etwas Verjüngendes im Besitz des Zen. Die Frühlingsblumen lachen heiterer, der Bergstrom rinnt kühler und klarer zu Tal. Die subjektive Umwälzung, die zu diesem neuen Zustand führt, kann niemand unnormal nennen."

Dieses sagt Suzuki im Hinblick auf die von Kritikern gelegentlich geäußerte Vermutung, daß es sich bei dem Erleuchtungserlebnis des Satori um einen Anfall von Ekstase oder Trance, d.h. also um einen unnormalen Geisteszustand handelt, und er fährt dann fort:

> „Wenn das Leben beglückender wird und dieses Aufblühen sich ausweitet und die ganze Welt umfangen will, so muß etwas im Satori sein, das kostbar ist und wohl wert, danach zu streben." (8)

Diese Textstelle bei Suzuki sagt eigentlich schon aus, was der Zen-Buddhist von dem als Satori bezeichneten Versenkungserlebnis erwartet und was er nicht erwartet. Er erwartet jedenfalls keine besonderen Erkenntnisse über die Welt oder über die Prozesse des Entstehens und Vergehens und leitet aus dieser, zum Urgrund führenden Seinserfahrung auch keine Erkenntnisse über sich selbst oder die Zeitlichkeit der Dinge ab, wie das bei den, die Buddhaschaft in Anspruch nehmenden indischen Philosophen Voraussetzung war. Deshalb trifft auf den Satori erlangenden Zen-Buddhist ein auf eben diesen Fall gemünztes Gleichnis des Siddharta Gautama zu, in welchem ein Körner suchendes Huhn eine kostbare Perle findet und – ihren Wert nicht erkennend – seinen Speiseplan damit bereichert. Andere Erwartungen sind bei so unvernünftigen Denkaufgaben – wie es die als „koan" bezeichneten Rätselfragen sind – auch kaum zu erfüllen. Schließ-

lich wird jeder Schüler, der an die gestellten Fragen mit der Vernunft oder mit Logik herangeht, zurechtgewiesen. Und so kann die Absicht der Fragestellung nur darin liegen, beim Schüler einen Zustand geistiger Verzweiflung herbeizuführen, der dann bei vollem, ja sogar durch das Nachdenken äußerst geschärftem Bewußtsein in einer verzweifelten Aufgabe des Lebenswillens bzw. des eigenen Ichs endet. Das Resultat ist dann die Versenkung. Der auf diese Weise zur Versenkung gelangte Schüler jedoch hat weder das vom Meister aufgegebene Rätsel noch irgendein Rätsel der Natur gelöst; er hat lediglich einen Zustand erlebt, in dem alle Rätsel unwichtig werden. Wo aber keine sinnvollen Antworten, keine sinnvollen Erkenntnisse gesucht und erwartet werden, da werden auch keine gefunden. Folglich ist kein Zen-Meister in der Lage, das in der Versenkung Erfahrene mitzuteilen oder gar zu erklären. Das aber liegt auch nicht in seiner Absicht, denn er ist davon überzeugt, daß die tiefe Seinserfahrung, die ihm in der Versenkung zuteil geworden ist, keinen anderen Sinn hat als den, ihm eine heitere Gelassenheit zu schenken, gegenüber all den Wichtigkeiten menschlicher Bedeutsamkeit. Und in der Tat, die in der Versenkung erfolgte Loslösung von der zeitlichen Zustandsform des Ichs bis hin zur Zeitlosigkeit bewirkt eine ungeheure Distanz zu den zeitlichen Gegebenheiten. Man sieht plötzlich das zeitliche Gewurle und Gebrodle wichtig erscheinender Alltäglichkeiten aus einer völlig neuen Perspektive, nämlich aus der Perspektive der Zeitlosigkeit und damit aus einem angenehmen objektiven Blickwinkel heraus. Man hat die Relativität und infolgedessen auch die Bedeutungslosigkeit aller nach außen gerichteten Beweggründe erfahren und unterscheidet plötzlich zwischen der Wichtigtuerei des Menschen und der stillen, selbstverständlichen Schönheit einer Pflanze.
Die bei den Meistern des Zen grundsätzlich anzutreffende Auffassung, daß das in der Versenkung Geschaute nicht erklärt werden kann – Suzuki sagt in diesem Zu-

sammenhang: „Zen spottet jeder Begrifflichkeit“ , hat insofern seine Richtigkeit, als unser aus der räumlichen Erfahrung entwickeltes Begriffsrepertoire tatsächlich nicht geeignet ist, das Ereignis angemessen zu beschreiben. Ist nun in der Versenkung das, worauf es eigentlich ankommt, nicht erkannt worden, hat also der Betrachter des Zeitvorgangs nicht erkannt, daß er den Übergang vom Zeitlichsein zum Zeitlossein und ergo den Prozeß des Vergehens wahrgenommen hat, dann findet er keinen geistigen Zugang zu der unkörperlichen Wahrheit in der Projektion der Dinge. Er kann das Geheimnis der Versenkung, das Geheimnis der Selbsterfahrung nicht entschlüsseln, weil ihm das Codewort „Zeit“ entgangen ist. Und so bleibt er einerseits in seiner 3dimensional körperlichen Wahrnehmungs- und Vorstellungswelt verhaftet und weiß doch andererseits, daß es etwas Unkörperliches, etwas Höheres gibt, als die ichbetonte Körperwelt. Und eben das ist – so will mir scheinen – die Situation des Zen-Buddhisten nach dem Erlebnis des Satori. Daß er jedoch aus seinem Unvermögen, das in der Versenkung Erfahrene zu erklären, noch eine Tugend macht, das allerdings ist auch Zen. Er weiß, daß es für seine Erfahrung keine körperliche Erklärung gibt und verwirft trotzdem jede nichtkörperliche, jede metaphysische Erklärung. Er versucht gar nicht erst, das in der Versenkung Erfahrene zu verstehen, schaut aber trotzdem – wie ich aus einigen Schriften des Zen weiß – etwas verächtlich auf die Mystiker herab, die sich der Mühe unterzogen haben, das Versenkungserlebnis zu interpretieren.

Mir jedenfalls stehen all jene Denker näher, die sich ehrlich und aufrichtig darum bemüht haben, ihre unio mystica, ihre mystische Vereinigung mit dem Urgrund zu verstehen und anderen verständlich zu machen. Dazu gehören neben den Versenkungsexperten des Urbuddhismus natürlich auch einige Mystiker des westlichen Kulturbereichs.

Plotin

Der griechische Philosoph Plotin (204 – 270 n.Chr.), der ab 244 in Rom lebte und lehrte, hat lange bevor es in China die ersten Zen-Buddhisten gab, bereits Versenkung geübt und im Kreise von Eingeweihten auch offen darüber gesprochen. Seine Anweisung zur Schau liest sich über einige Strecken hinweg wie ein Upanischadgedanke. So schreibt Plotin in seiner Enneade über „Das Eine“:

> „Aber welches ist nun der Weg, welches das Mittel? Wie kann man die überwältigende Wahrheit erschauen, die gleichsam drinnen bleibt im heiligen Tempel und nicht nach außen heraustritt, daß sie auch ein Ungeweihter sehen könnte? So mache sich denn auf und folge ihr ins Innere wer's vermag und lasse das mit Augen Gesehene draußen ... Im Innern nämlich ist unsere Heimstatt, von wo wir gekommen sind. Und die Reise dorthin? Nicht mit Füßen sollst du sie vollbringen, denn die Füße tragen überall nur von einem Land in ein anderes. Du brauchst kein Fahrzeug zuzurüsten, das Pferde ziehen oder das auf dem Meer fährt, nein, du mußt dies alles dahinten lassen und nicht blicken, sondern nur gleichsam die Augen schließen und ein anderes Gesicht statt des alten in dir erwecken, welches jeder hat, aber nur wenige brauchen's.“ (9)

Über die Schau selbst berichtet Plotin nicht gebündelt, da er seine philosophische Aufgabe im wesentlichen darin gesehen hat, die Ethik und die Erkenntnissse des großen griechischen Philosophen Platon (427 – 347 v.Chr.) in seinen Schriften neu zu beleben. Da ich aber – wie der Leser inzwischen weiß – die Schau aus eigener Erfahrung kenne, möchte ich im folgenden nur einige wenige Textstellen wiedergeben, die mir deshalb wichtig erschienen sind, weil sie unzweifelhaft aus der Erfahrung des Urgrundes und folglich aus dem Versenkungserlebnis selbst resultieren. So sieht Plotin in der Versenkung das eigentliche Ziel der Seele, sich selbst zu erkennen, denn er schreibt:

> „Und das ist das wahre Endziel für die Seele, jenes Licht anzurühren und es zu erschauen – in ihrem eigenen Licht, nicht in einem fremden Licht sich zu erschauen, sondern in eben dem Licht, durch welches sie sich selber sieht, denn das wodurch sie erleuchtet wurde, ist eben das Licht, das es zu erkennen gilt. Man sieht ja auch die Sonne nicht in einem fremden Licht. – Und wie kann dies Ziel Wirklichkeit werden? Tu alle Dinge fort!" (10)

Ganz unverkennbar hat Plotin auch die Grenzenlosigkeit des Urgrundes erkannt, denn er schreibt:

> „Hast du Es erschaut, bist du rein und mit dir selbst zusammen und nichts hemmt dich auf deinem Wege eins zu werden (mit dem Urgrund), und keine fremde Beimischung hast du mehr in deinem Innern, sondern bist ganz und gar reines, wahres Licht, nicht durch Größe gemessen, nicht durch Gestalt umzirkt in engen Grenzen, sondern gänzlich unmeßbar." (11)

Für das Einswerden mit dem Urgrund, für die unio mystica hat Plotin folgende Worte gefunden:

> „So ist es denn dort oben vergönnt Jenen (den Urgrund) und sich selbst zu schauen – soweit schauen dort das rechte Wort ist – sich selbst von Glanz erhellt zu sehen, erfüllt von geistigem Licht, vielmehr das Licht selbst, rein, ja Gott geworden – nein – seiend in diesem Augenblick der Schau."

Im weiteren Text sagt er dann:

> „Weshalb denn auch die Schau so schwer zu beschreiben ist; denn wie kann einer von Jenem (Urgrund) als einem Unterschiedenen Kunde geben, da er es, während er's schaute, nicht als ein Verschiedenes, sondern als mit ihm eines erfahren hat... Da es

> nun nicht zwei waren, sondern er selbst, der Schauende mit dem Geschauten eins war – es ist also nicht: „Geschautes", sondern sozusagen: „Geeintes" , so trägt er, wenn er sich später an seinen Zustand im Augenblick der Vereinigung erinnert, ein Abbild von jenem Zustand in sich." (12)

Daß der zeitlose Urgrund nichts im Sinne von Etwas, sondern daß er eine qualitätslose und also niveaulose Zustandform ist, das geht aus einigen weiteren Textstellen der Enneade „Das Eine" hervor. So sagt Plotin darin:

> „Wie es von der Materie heißt, daß sie frei von jeder Qualität sein muß, wenn sie die Prägungen aller Dinge soll aufnehmen können, so und noch viel mehr muß auch die Seele ohne Form und Gestalt werden, wenn nichts, was in ihr festsitzt, ihr hinderlich werden soll, sich zu erfüllen und zu erleuchten mit der Ersten Wesenheit. .... Jenes aber ist schlechthin Eins, ohne das „etwas"; denn wäre es etwas, so wäre es nicht das „Eine an sich selber", denn das „an sich selber sein" liegt vor dem Etwas sein. Daher ist es eigentlich unaussagbar, denn was du von ihm auch aussagen magst, immer mußt du ein Etwas aussagen. Unter allen anderen möglichen Bezeichnungen ist vielmehr die Bezeichnung „jenseits von allen Dingen" zutreffend, denn sie ist kein Name, sondern besagt, daß es keines von allen Dingen ist."...

> „Der Urgrund darf keines von irgendwelchen Dingen sein, denn dann müßte er ein Etwas von ihnen sein und damit ein Teil von ihnen. So darf er auch nicht eine so und so beschaffene Form sein oder eine einzelne Kraft, noch auch alle Kräfte zusammen sein, sondern er muß jenseits aller Kräfte sein und jenseits aller Formen. Ferner ist der Urgrund das Gestaltlose, nicht das, was der Form bedürftig ist, sondern das, von dem alle Form herkommt. Das Werdende näm-

> lich mußte, sollte es überhaupt werden, ein Etwas werden und erhielt dadurch eine eigene Form, dasjenige aber, was niemand gemacht hat, aus welchem Etwas hätte man es machen sollen? Somit ist der Urgrund nichts von den (zeitlich) seienden Dingen; und ist doch alle: Nichts, weil die (zeitlich) seienden Dinge später sind, und alles, weil sie aus ihm stammen." (13)

Wie Yagnavalkya und Buddha Gautama, so erkannte auch Plotin, daß der Persönlichkeitsdrang, der Werdedrang bzw. der Wille, Etwas zu sein, die eigentliche Ursache des Entstehens aller Dinge ist, denn er schreibt in seiner Enneade über „Die Seele":

> „Was hat denn eigentlich die Seelen ihre Herkunft vergessen lassen und bewirkt, daß sie, obgleich Teile aus jener anderen Wirklichkeit und gänzlich jenem Urgrund angehörig, ihr eigenes Wesen so wenig wie jenen mehr kennen? Nun, der Ursprung des Übels war ihr Fürwitz, das Eingehen ins Werden die erste Andersheit und der Wille, sich selbst zu gehören. An dieser Selbstbestimmung hatten sie, als sie denn in die Erscheinung des Etwasseins getreten waren, Freude. Sie gaben sich reichlich der Eigenbewegung hin; so liefen sie den Gegenweg (nämlich aus der expansiven in die kontraktive Richtung) und gerieten in einen weiten Abstand. Und daher verlernten sie auch, daß sie selbst von dort stammen, wie Kinder, die gleich vom Vater getrennt und lange Zeit in der Ferne aufgezogen werden, sich selbst und ihren Vater nicht mehr kennen. Da die Seelen nun sich selbst und ihren Urgrund nicht mehr kannten..., rissen sie sich so weit als möglich los von dem, dem sie geringschätzig den Rücken gekehrt hatten. Somit ergibt sich, daß der Grund für das gänzliche Vergessen des Urgrundes die Hochachtung vor dem Irdischen (der zeitlichen Existenz) ist." (14)

Die aus der „unio mystica" gewonnene Erkenntnis, daß der Urgrund ein einheitliches Ganzes, eine unendliche Einheit ist, aus der alles kommt und in die alles zurückkehrt, tritt uns bei Plotin in so pantheistisch konsequenter Form entgegen, daß es eine Freude ist, ihn zu zitieren. Er sagt z.B.:

> „So bedenke denn also ernstlich jede Seele dies, daß sie selbst es ist, die alle Lebewesen, die die Erde nährt, geschaffen hat und die göttlichen Gestirne am Himmel, daß sie die Sonne und unseren gewaltigen Kosmos geschaffen hat, daß sie ihn formt und in bestimmter Ordnung keisen läßt; und daß sie das alles tut als eine Wesenheit, die verschieden ist von den Dingen, die sie formt, die sie bewegt und lebendig macht, daß sie notwendig wertvoller ist, als all diese Dinge, denn diese entstehen und vergehen, wenn die Seele sie verläßt oder ihnen das Leben dargibt, sie selbst aber ist immerdar, weil sie sich selbst nicht verläßt." (15)

Wenn wir zum Abschluß noch bedenken, daß Plotin mit der östlichen Mystik nicht in Berührung gekommen ist, dann wird eines unverkennbar deutlich: Die Schau ist für alle Mystiker gleich, das jedenfalls gilt für die, die wirklich nach innen, in die eigene Zeitprojektion geschaut haben. Mystiker unterscheiden sich nur in der Interpretation des Geschauten, denn diese ist davon abhängig, welchem Kulturkreis und welcher Epoche sie angehören. Ist aber die Schau für alle Mystiker gleich, dann stützen sich ihre Berichte – trotz der darin enthaltenen subjektiven Ausschmückungen – auf einen durch Erfahrung gesicherten Tatbestand und sind keineswegs – wie gelegentlich unterstellt – religiöse Spekulationen. Plotin hat zwar zwischen den zeitlichen Dingen des Werdens und Vergehens und der zeitlos ewigen Ruhe des Urgrundes prinzipiell unterschieden, leider aber dem Zeitgedanken in seinen Schriften nicht die Aufmerksamkeit gewidmet, die diesem im Zusammenhang mit der Versenkung eigentlich zukommt, das blieb Augustinus vorbehalten.

Augustinus

„O, Lichterfülle und das bist du, o, meine Seele!" Dieser Ausspruch des hl. Augustinus allein schon läßt vermuten, daß er sein eigenes Ich irgendwie in Erfahrung gebracht haben muß, ganz gleich, ob er sich nun zu seinem Versenkungserlebnis bekennt, oder ob er es verschweigt. Wenn nämlich jemand fest davon überzeugt ist, daß irgendwo in den himmlischen Gefilden ein persönlicher Gott existiert, und wenn dann dieser Glaube in ihm so stark verwurzelt ist, daß er ihn über alle Anfechtungen des Zweifels hinweg nicht aufgeben kann, dann wird er das Erlebnis der Versenkung – falls es ihm zuteil geworden ist – entweder verschweigen oder die daraus resultierenden pantheistischen Erkenntnisse in seinen Beschreibungen so verklausulieren, daß selbst ein persönlicher Gott gegen seinen gemäßigten Pantheismus nichts einzuwenden hätte. Schließlich sind Götter etwas toleranter als fromme Kirchenväter. Und Augustinus (354 – 430 n.Chr.) war, als er 46jährig seine Bekenntnisse schrieb, ein Kirchenvater, nämlich Bischof von Hippo Regius in Nordafrika. Weshalb er sich auch keinen gemäßigten Pantheismus erlauben konnte. Und so finden wir in seinen Schriften keinen Bericht über die Versenkung, keine Beschreibung der unio mystica. Trotzdem aber gibt es in seinen Abhandlungen einige Aussagen, die darauf hindeuten, daß auch Augustinus die Zustandsänderungen in der Zeitprojektion aus Erfahrung gekannt haben dürfte. So hat er z.B. gewußt, daß die Vorgänge des Entstehens und Vergehens der Dinge eng an die Zeit gekoppelt, mit ihr verbunden und also ein miteinander verknüpftes Kontinuum sein müssen, denn er sagt in seiner Schrift über den Gottesstaat:

> „Mit gutem Recht unterscheidet man Zeit von Ewigkeit, denn Zeit besteht nicht ohne Wechsel und Wandel, in der Ewigkeit aber gibt es keine Veränderung. Also ist es klar, daß es Zeit überhaupt nicht gegeben hätte ohne das Werden der Kreatur, die als Bewegungsvorgang irgendwelcher Art auch Zustandsänderung in sich begreift. Erst aus diesem bewegten Gestaltenwandel, aus dem Nacheinander von diesem und jenem, was nicht zugleich bestehen kann, kommt die Zeit zustande. Weil nun Gott, dessen Ewigkeit allen Wandel und Wechsel ausschließt, auch der Zeitenschöpfer ist und Ordner, so läßt sich, wie mich dünkt, nicht sagen, er habe nach gewissen Zeiträumen erst die Welt erschaffen; sonst bliebe nur die Rückfolgerung, es habe vor der Welt schon Kreatur gegeben, mit deren Bewegtheit zugleich auch die Zeit in Fluß gekommen. ... Ohne Zweifel also ist die Welt nicht *in* der Zeit, sondern *mit* der Zeit erschaffen.“ (16)

Was nun die Schau selbst betrifft, so könnte neben dem bereits erwähnten Ausspruch und einigen anderen Textstellen, vor allem die folgende Aussage ein Hinweis auf die Versenkung sein:

> „So war ich denn zurückgerufen zu mir selbst, und nun stieg ich hinab in meine innerst tiefste Seele. Ich trat ein und sah mit dem Auge meiner Seele, so schwach es war, hoch droben über diesem Auge meiner Seele und über meinem Geist das ewig unveränderliche Licht des Herrn. Es war nicht das gemeine Licht, das jedem Fleische leuchtet. Es war auch nicht vom Wesen dieses Lichts, nur größer etwa und als leuchte es unendlich vielmal heller und fülle allen Raum mit seiner Strahlengröße. Nein, es war dieses Licht nicht, es war ein anderes als alles dies. Es lag auch nicht auf meiner Seele, so wie Öl auf Wasser liegt, noch wie der Himmel droben über der Erde sich

> wölbt. Nein, es war über mir, weil's mich erschaffen hat, und ich war unter ihm, weil ich von ihm geschaffen bin. Wer die Wahrheit kennt, der kennt dies Licht, und wer dies Licht kennt, der kennt die Ewigkeit." (17)

Wenn wir bedenken, daß Augustinus bei seiner Schau nach innen zunächst die mit einer Überfülle an Strahlung verknüpfte expansive Phase des Qualitäts- bzw. Energieabbaus betrachtet hat, die dann zum Schluß in den qualitätslosen, nur noch expansiv gerichteten Urgrund-Zustand übergeht, dann wird klar, warum die Interpretation des inneren Lichtes für Augustinus so schwierig war. Er hatte ja genaugenommen zweierlei Licht zu beschreiben, nämlich einmal das expansiv strahlende, sich ausbreitende Licht „die Lichterfülle, die vielmal hellere Strahlengröße" nämlich, und zum anderen das – in der expansiven Richtung – stehende Licht, das „ewig unveränderliche Licht", den zeitlosen Urgrund oder auch die Seelenfünklein des Meister Eckehart. Dies bedenkend wird der Hinweis fast zur Gewißheit, Augustinus muß eine Versenkung erlebt haben. Deshalb auch darf angenommen werden, daß er über Zeitlichkeit und Zeitlosigkeit etwas mehr gewußt hat, als seine 3dimensional denkenden Zeitgenossen. In diesem Zusammenhang finde ich die Aussage, die H. Hefele in seiner Einleitung zu den Bekenntnissen über Augustinus macht, absolut zutreffend, er sagt nämlich:

> „Die Entdeckung des Geistigen, die gewonnene Fähigkeit, ein Nichtmaterielles, ein Außersinnliches zu begreifen, war der große Triumph seines Lebens, der entscheidende Akzent seiner inneren Entwicklung. Das war es, was er Gotteserkenntnis nannte, das Licht, das wie ein Unbegreifliches und Unbeschreibliches über seiner Seele leuchtete, und von dem der Leib nichts fassen konnte, als ein armseliges Restchen wehmütiger Erinnerung." (18)

Meister Eckehart

Meister Eckehart (1260 – 1327), der dem Dominikaner-Orden angehörte und im Laufe seines Lebens an den verschiedensten Orten Lehrer, Prediger und Prior dieses Ordens war, dürfte so seine Schwierigkeiten gehabt haben, die aus der Versenkung resultierende, pantheistische Seinserkenntnis mit seinem monotheistischen Glaubensbild in Einklang zu bringen, denn, daß seine Erkenntnisquelle die Versenkung war, das wird in vielen seiner Predigten und Traktaten offenbar. Es gelang ihm jedoch, die Widersprüchlichkeiten zwischen dem unpersönlichen Urgrund und seinem persönlichen Gott geschickt zu überbrücken. Wenn wir nämlich bedenken, daß der niveaulose Urgrund zeitlos ist, alles Zeitliche aber persönlich ist, dann steht der Idee, daß aus dem unpersönlichen Urgrund ein persönlicher Gott entsteht, eigentlich nichts im Wege. Und so gibt es bei Meister Eckehart genau genommen zwei Gottheiten, nämlich zunächst den zeitlosen Urgrund, den er auch die ungenaturte Natur, d.h. also die eigenschaftslose Natur genannt hat und dann die genaturte Natur, die qualitative Natur also, die von einem qualitativen und folglich persönlichen Gott verkörpert wird.
Der Eckehartsche Gedanke, die Vorgänge des Entstehens und Vergehens, den Prozeß der Persönlichkeitswerdung und Persönlichkeitsaufgabe einer anderen, einer zweiten Gottheit zuzuordnen, einer Gottheit, die gewissermaßen aus der ersten – dem qualitätslosen Urgrund – ausfließt und irgendwann einmal wieder dahin zurückkehrt, dieser Gedanke ist ein durchaus akzeptabler Kompromiß, die persönliche Gottheit mit der zeitlos-niveaulosen Gottheit zu versöhnen. Allerdings muß bei diesem Kompromiß schon rein logisch auf das Postulat verzichtet werden, daß der persönliche Gott ein ewig existenter Gott sei, denn ein in der Zeit wirkender, in der Zeit schaffender Gott ist in jedem Fall ein zeitlicher Gott, ganz gleich wie-

viel Zeit wir ihm für seine Aktivitäten zugestehen. Daß Meister Eckehart diese logische Konsequenz – daß der dreieinige, persönliche Gott wieder in den unpersönlichen Urgrund zurückkehrt – sehr wohl gesehen und in Betracht gezogen hat, geht aus einer Textstelle hervor, in welcher er über das „Bürglein" spricht, nämlich über jenen, im Innern der Dinge verborgenen Ort, den Plotin als den „heiligen Tempel" in unserem Innern bezeichnet hat. Wenn man nämlich da hineinschaut, d.h. also nicht mehr nach außen, in die räumliche Umwelt hinein agiert, sondern nach innen, in die innere Burg schaut bzw. „in das Bürglein hineinlugt", dann geschieht – nach Meister Eckehart – auch Gott, was jedem passiert, der nach innen schaut; er kehrt in den unpersönlichen, zeitlos-ewig existenten Urgrund zurück, wird also wieder zur ungenaturten Natur, denn Meister Eckehart sagt:

> „Sehet nun und merket auf! So eines und einfaltig, so erhaben über jede (körperliche) Weise ist dies Bürglein in der Seele, daß jene Kraft, von der ich geredet habe (die Kraft, in der Gott wirksam ist) nicht würdig ist, auch nur einen Augenblick hineinzulugen. Und ebensowenig darf die andere Kraft, in deren Innern Gott lodert und brennt mit all seinem Reichtum und seiner Fülle, es wagen, jemals da hineinzulugen. So eines und einfaltig ist dies Bürglein, so hoch über allem ist dies einig Eine, daß keine Kraft und Weise jemals da hineinzulugen vermag. Bei der reinen Wahrheit, Gott selber schaut da nie auch nur einen Augenblick hinein und hat auch noch niemals da hineingeschaut, sofern er in der (wirkenden) Weise und in der Entfaltung seiner Person besteht. Das ist leicht einzusehen, denn dies einig Eine ist ohne jede (körperliche) Weise und ohne Eigenschaft. Und darum: Soll Gott jemals da hineinlugen, dann nur auf Kosten seiner göttlichen Namen und seiner personenhaften Entfaltung; das alles muß er draußen lassen, wenn er

> jemals da hineinlugen soll. Wenn er aber dann das einfaltig Eine, ohne alle Weise und Eigenschaft (geworden) ist, so ist er weder Vater noch Sohn, noch heiliger Geist und ist dennoch das Eine, das weder dies noch das ist (weder körperlich noch persönlich ist)." (19)

Daß Meister Eckehart in das besagte „Bürglein" hineingelugt bzw. die Versenkung erreicht hat und also dort war, wo man nur hingelangt: „Wenn der Mensch sich abkehrt von den zeitlichen Dingen und zurück in sich selber wendet", das sagt er in der folgenden Textstelle ebenso eindeutig wie unumwunden:

> „Denn in jenem Sein der Gottheit, in der sie über allem entfalteten Sein und allem Unterschied steht, da war ich selber, da wollte ich mich selber und erkannte mich selber als Schöpfer dieses meines Erdenmenschen. Und darum bin ich Ursache meiner selbst nach meinem Sein, das ewig ist, nicht aber nach meinem Werden, das zeitlich ist." (20)

Daß die Versenkung nur zu erreichen ist, wenn die Wahrnehmung von der Umwelt abgezogen, der Geist von den Bildern der Außenwelt frei gemacht worden ist, das hat auch Meister Eckehart erkannt, wie die folgenden Aussagen zeigen:

> „Erst dann sieht man Gott, wenn der Geist frei ist für die Gottesschau und ledig aller Bilder. Da ergießt sich das Eine in die Zwei und die Zwei in das Eine: Licht und Geist, die Zwei sind Eines im Umfangsein vom ewigen Licht."...

> „Drei Dinge behindern den Menschen so, daß er Gott auf keine Weise zu erkennen vermag. Das erste ist die Zeit, das zweite die Körperlichkeit, das dritte die Vielheit. So lange diese drei in mir sind, ist Gott nicht in mir. Sankt Augustinus spricht: Es kommt aus der

Gier der Seele, daß sie so viel ergreifen und besitzen will, und so greift sie nach der Zeit, nach der Körperlichkeit und nach der Vielheit und verliert damit eben das, was sie besitzt (das körperlos Ewigsein in der Zeitlosigkeit)."...

„Erst wenn sich alle Bilder von der Seele lösen und sie nur noch das einig Eine schaut, findet das freie Sein der Seele – während sie in sich selber ruht – zum bloßen, formentleerten Sein der göttlichen Einheit, das da ist ein Übersein. Es ist ein überschwebendes Sein und ein überseiendes Nichts!" (21)

Wie alle Menschen, die in die eigene Projektion geschaut haben, so hat auch Meister Eckehart die zu Beginn der Versenkung überfließende Lichterfülle zunächst mit einer großen Erkenntnisfreude wahrgenomen, die er ganz im Sinne von Augustinus als ein Erlebnis der Süße interpretiert, wie aus den beiden nachfolgenden Textstellen zu ersehen ist:

„Wenn Gott sich in dieser Fülle und Süßigkeit offenbart und mit der Seele vereint, dann fließt die Seele mit dieser Fülle und Süßigkeit in sich selbst zurück, und sie fließt aus sich heraus und über sich selbst und alle Dinge hin, um ohne Mittler (d.h. also: ohne den persönlichen Gott) in ihren ersten Ursprung zurückzukehren."

„Das überschwebende Licht der Seele ist so lauter und so klar, daß sich die Seele selber gram ist, wenn sich das Licht nicht mehr über sie ergießt." (22)

Was nun den Durchbruch nach innen betrifft, so sagt Meister Eckehart darüber folgendes:

„Ein großer Meister spricht, daß sein Durchbrechen (in den Urgrund) edler sei, als sein Ausfließen (daraus). Das ist wahr. Als ich aus Gott floß (gemeint ist die erste Gottheit, der Urgrund), da sprachen alle

Dinge: Gott ist. Dies mag mich gar nicht selig machen, denn hier erkenne ich mich in meiner Geschöpflichkeit. Aber im Durchbruch, wo ich ledig stehe meines eigenen Willens und des Willens Gottes (gemeint ist die zweite Gottheit, der persönliche Gott) und aller seiner Werke und Gottes selbst, da bin ich über allen Geschöpfen und bin weder Gott noch Geschöpf, sondern ich bin, was ich war und was ich bleiben werde, jetzt und immerdar (der niveaulose Urgrund). Da nehme ich weder ab noch zu, denn da bin ich eine unbewegliche Ursache aller bewegten Dinge."

„Wenn man gelegentlich sagt, das ist ein erleuchteter Mensch, so bedeutet das nicht viel. Aber wenn das Licht ausbricht und es bricht durch die Seele und macht sie Gott gleich und Gott verwandt und durchstrahlt sie im Innern, dann ist das weitaus besser. In der Einstrahlung klimmt die Seele über sich hinaus in dem göttlichen Lichte. Hat sie dann heimgefunden und ist mit Gott vereint, dann ist sie eine Mitwirkerin." (23)

Was den Urgrund als solchen betrifft, so macht Meister Eckehart darüber eine Reihe interessanter Aussagen, von welchen die folgenden besonders erwähnenswert sind. So sagt er z.B. über den Weg, der zur Erkenntnis des Urgrundes führt:

„Wenn sich der Mensch abkehrt von den zeitlichen Dingen und zurück in sich selbst wendet, dann nimmt er ein himmlisches Licht wahr. ... Dem Geist aber genügt es nicht. Er muß weiter vordringen in den Urgrund, wo der Geist seinen Ausgang nimmt. ...Anders erfaßt niemand die Wurzel der Ewigkeit, er sei denn ledig geworden der Zahl, denn die Zahl ist gebunden an die hinfällige Zeit. In der Ewigkeit ist alles ohne Zahl. So muß der Geist alle Zahl überschreiten und alle Vielheit durchbrechen, dann bricht auch

> Gott hindurch zu ihm und leitet ihn in die Einheit seiner selbst, wo er ein lauteres Eines ist.“ (24)

Wenn wir Meister Eckehart an dieser Stelle, aber auch an jeder anderen, ähnlich lautenden Textstelle beim Wort nehmen, dann heißt das: Der Urgrund ist keine Zahl und also keine Menge von irgend etwas. Ergo ist er etwas im Sinne von Null, denn der Begriff des „bloßen“, des „lauteren“ Einen bedeutet ja doch, daß es sich hier um eine Einheit ohne jede Beimischung und also ohne jeden physikalischen Inhalt handelt. Und wer diesen niveaulosen Urgrund erkennt, dessen Seele ist ebenfalls „ledig geworden der Zahl“, nämlich zu Null und also – wie der Urgrund – niveaulos in der Zeit geworden, denn in der Ewigkeit ist alles unterschiedslos gleich, nämlich „ohne Zahl“. Und dieses „Licht göttlicher Gleichheit“, dieser Bereich der ununterscheidbaren Seelenfünklein „ist so hoch, so lauter und so edel in sich selber, daß darin keine Kreatur sein mag“, was soviel heißt, daß die zeitlose Wirklichkeit allen zeitlichen Erscheinungsformen verschlossen bleibt. Zu dieser Einsicht paßt dann wiederum die Eckehart'sche Feststellung:

> „Es gibt etwas, das über dem Sein der geschaffenen (der persönlichen) Seele ist, an das keine Geschaffenheit rührt, wo nichts ist. Es ist eine Verwandtschaft mit göttlicher Art, es ist in sich selber Eines und hat mit gar nichts irgend etwas gemein. Könntest du selber auch nur einen Augenblick zu Nichts werden, so wäre dir alles zu eigen, was es in sich selber ist.“

Ergänzt wird diese Erkenntnis über die erste, die ursprüngliche Gottheit noch durch den Ausspruch:

> „Und sage ich: Gott ist weise, dann ist es nicht wahr. Und sage ich: Gott ist ein Sein (gemeint ist das körperliche Sein), dann ist das auch nicht wahr. Er ist ein überschwebendes, ein überseiendes Nichts.“ (25)

Falls die bisher angeführten Texte noch kein ausreichender Beweis dafür sein sollten, daß Meister Eckehart die Versenkung gekannt, daß er sie erlebt haben muß, dann findet sich in seinen Aussagen ein weiterer, noch zwingenderer Beweis für die Tatsache, daß er den Urgrund aus Erfahrung gekannt haben muß. Denn: Wie ich bereits berichtet habe, tritt in der letzten Stufe der Versenkung – wenn das eigene Ich durch Expansion niveaulos und mit dem Urgrund „Eins" geworden ist – die seltsame Situation ein, daß der Betrachter des Zeitvorgangs von einem ganz bestimmten Ort aus schaut, aber an ganz anderen Orten – außerhalb seines wahrnehmenden Körpers – gegenwärtig ist. Und von dieser Situation kann nur jemand berichten, der sie tatsächlich erlebt, der sie höchstselbst erfahren hat. Genau diese Situation aber wird von Meister Eckehart in geradezu klassischer Vollkommenheit geschildert, wenn er sagt:

> „Nun lausche dem Wunder! Wie wunderbar nur: draußen stehen und drinnen, begreifen und umgriffen sein, schauen und das Geschaute sein, enthalten und enthalten sein. Das ist das Äußerste, wo der Geist zur Ruhe kommt, eins geworden mit der Ewigkeit." (26)

Meister Eckehart hat also die Ewigkeit aus Erfahrung gekannt, weil er in der 4. Richtung den Prozeß des Vergehens und infolgedessen die zeitlos-eigenschaftslose, die ungenaturte Natur wahrgenommen hat. Gewisse Widersprüchlichkeiten in seinen Aussagen und einige Ungenauigkeiten, wenn er von Gott oder von der Gottheit spricht, haben ihre Ursache darin, daß er weder den physikalischen noch den geometrischen Zusammenhang des geschauten Vorgangs hat richtig erfassen können. Er war – wie sein Beispiel mit der Zahl erkennen läßt – ein rein quantitativ orientierter Denker, der zwischen der Veränderung einer Quantität und der Veränderung einer Qualität nicht so recht zu unterscheiden wußte, was jedoch unbedingt notwendig ist, wenn man 4dimensionale bzw. qualitative Prozesse – und bei den geistig-seelischen Vorgängen handelt es sich nun mal um rein qualitative Prozesse – richtig verstehen will. Daß die Grundlage der Eckehart'schen Philosophie – trotz dieses Handikaps – eine pantheistische ist, daran kann nur jemand zweifeln, der sein 3dimensionales Denkvermögen für ausreichend hält, über 4dimensionale Zeitprozesse zu urteilen.

Jakob Böhme

Wie jeder, der den Urgrund aus Erfahrung kennt, so war auch Jakob Böhme kaum imstande, seine pantheistische Weltanschauung zu verleugnen. Bei ihm jedoch tritt sie so unverkennbar zutage, daß gelegentlich der Eindruck entsteht, als sei die christliche Terminologie, in die er sein Versenkungserlebnis verpackt, eine geschickt gewählte Umkleidung, seiner im Kern konsequent pantheistischen Philosophie. 1575 bei Görlitz geboren und in dieser Stadt – nach einem längeren Aufenthalt in Dresden – 1624 gestorben, zog er sich – wie nicht anders zu erwarten – mit seinen „gotteslästerlichen" Schriften zeitlebens die Anfeindungen der gottesfürchtigen Christen und des Klerus zu. Was nun die Versenkung selbst betrifft, so wird das Ereignis als solches – ähnlich wie bei Meister Eckehart – auch von Jakob Böhme als eine Gottesgeburt im Innersten der Seele verstanden und auch so bezeichnet. Mit dieser Interpretation, speziell mit der Begriffswahl der „Geburt" im Zusammenhang mit dem Durchbruch in die innere Wirklichkeit der Dinge, möchte der christliche Mystiker – so will mir scheinen – eine Art Rückgeburt in den Herkunftsbereich verdeutlichen. Während die körperliche Geburt von der inneren Wirklichkeit weg in die räumliche Außenwelt führt, erfolgt die geistige Geburt von der Außenwelt weg in den inneren Bereich der Natur. Und da mit dieser, nicht nach außen, sondern nach innen gerichteten „Geburt“ das Woher und Wohin aller zeitlichen Dinge erfahren und also eine Kenntnis erlangt wird, die der christlichen Auffassung nach nur Gott vorbehalten ist, kann die Versenkung sehr wohl den Eindruck erwecken, in die göttliche Wahrheit hinein und also in Gott wiedergeboren zu sein. Wenn wir außerdem bedenken, daß die unio mystica – die Vereinigung der eigenen, niveaulos gewordenen Seele mit dem zeitlosen Urgrund – dem Versenkten das Gefühl der Allgegenwart, d.h. also eine in der christlichen Philosophie nur Gott zugeschriebene Gegenwartsform vermittelt, dann ist die Idee einer in Gott vollzogenen Geburt durchaus akzeptabel. In diesem Zusammenhang wird dann auch die unbeschreiblich große Erkenntnisfreude beim Durchbruch in die innere Wahrheit verständlich, von der alle Mystiker berichten und die Jakob Böhme als „ein Triumphieren im Geiste“ beschreibt. Wie schwierig es jedoch für den Meditierenden ist, die Versenkung überhaupt zu erreichen und das Erlebnis selbst, schildert Jakob Böhme so:

> „Als sich aber in solcher Trübsal mein Geist ernstlich in Gott erhub, als mit einem großen Sturme und mein Herz und Gemüte, samt allen anderen Gedanken und Willen sich alles darein schloß, ohne nachlassen mit der Liebe und Barmherzigkeit Gottes zu ringen und nicht nachzulassen, Er segnete mich denn, das ist, Er erleuchtete mich denn mit seinem H. Geiste, damit ich seinen Willen möchte verstehen und meiner Traurigkeit los werden; so brach der Geist durch. Als ich aber in meinem angesetzten Eifer also hart wider Gott und aller Höllen Porten stürmete, als wären meiner Kräften noch mehr vorhanden und willens, das Leben daran zu setzen, so ist alsbald nach etlichen harten Stürmen mein Geist durch der Höllen Porten durchgebrochen bis in die innerste Geburt der Gottheit, und allda mit Liebe umfangen worden, wie ein Bräutigam seine liebe Braut umfähet. Was aber für ein

> Triumphieren im Geiste gewesen, kann ich nicht schreiben oder reden; es läßt sich auch mit nichts vergleichen als nur mit dem, wo mitten im Tode das Leben geboren wird, und vergleicht sich der Auferstehung von den Toten. In diesem Lichte hat mein Geist alsbald durch alles gesehen, und an allen Kreaturen sowohl an Kraut und Gras Gott erkannt, wer der sei, und wie der sei, und was sein Wille sei; auch so ist alsbald in diesem Lichte mein Wille gewachsen mit großem Trieb, das Wesen Gottes zu beschreiben." (27)

Was Jakob Böhme in seiner Schrift „Vom übersinnlichen Leben" sagt, aber auch seine Bemerkung über das „verbrennende Ich" zeigt erneut, daß Mystiker in der Versenkung alle das gleiche schauen; Differenzen gibt es nur in der geistigen Aufarbeitung des Geschauten. So sagt Jakob Böhme über die Wohnstatt der Seele z.B.:

> „Das ist die zu Grund gelassene (die zum Urgrund gewordene) Seele, da die Seele ihres eignen Willens erstirbet und selber nichts mehr will, da wohnt sie. Denn sobald der eigene Wille tot ist, dann hat sie ihre Wohnstatt eingenommen. ... Die Seele wohnt allein im Nichts. Darum finden die Menschen sie nicht." (28)

Die Frage nach der Funktion der Seele beantwortet Jakob Böhme folgendermaßen:

> „Das ist ihr Amt, daß sie ohne Unterlaß ins Etwas hineindringet. Und so sie im Etwas mag eine Stätte finden, die nimmt sie ein und erfreuet sich ihrer. ... Ihr Amt ist, daß sie im Etwas ein Feuer anzünde und das Etwas verbrenne und sich damit überflammiere (brennend verzehre). ... Ist's, daß sie dir mag ein Feuer anzünden, so wirst du das fühlen, wie deine Ichheit verbrennt und sich des Feuers hoch erfreuet, daß

du dich eher ließest töten, als daß du wieder in dein Etwas eingingest." (29)

Wenn uns der in der Versenkung ablaufende Raum-Zeit-Vorgang unbekannt und unser Vorstellungsvermögen noch ein rein 3dimensionales wäre, dann würden wir den Gedanken, daß eine Ichheit verbrennt – und natürlich auch den Interpreten – für überspannt, wahrscheinlich sogar für irre halten. Da wir inzwischen jedoch einiges über den Prozeß des Entstehens und Vergehens herausgefunden haben, macht uns die Vorstellung des „Überflammierens" einer Zeitqualität keine Schwierigkeiten mehr. Schließlich wissen wir, daß der Vorgang des Entstehens dann in den Vorgang des Vergehens umkippt – und also überflammiert, wenn das Qualitätsniveau, das unsere Ichempfindung verursacht, durch Überkontraktion unhaltbar geworden ist. Dann nämlich schließt sich der Kreislauf in der Zeit, dann geht der Vorgang der Kontraktion in den Vorgang der Expansion über, wobei das Energiezentrum „Ich" expandierend auseinander fließt, um schließlich wieder zu Null bzw. zum niveaulosen Urgrund zu werden. Jakob Böhme hat also in der Versenkung die ichverbrennende Lichterfülle gesehen, die den Vorgang der Expansion einleitet und natürlich auch klar erkannt, daß das Ichniveau durch das Auseinanderfließen zu Null bzw. zum eigenschaftslosen Nichts wird, was aus den folgenden Textstellen eindeutig hervorgeht:

„Daß ich sprach, der Seele Tugend sei das Nichts, das verstehst du, wenn du aus aller Kreatur herausgehest und aller Natur und Kreatur ein Nichts wirst, so bist du in dem ewigen Ein, das ist Gott selber, so empfindest du der Seele höchste Tugend, ... Auch siehest du dann alles ausgegossen und was in allen Dingen der innerste und äußere Grund ist."

„Wer sie findet (die Seele), der findet nichts und alles, das ist wahr, denn er findet einen übernatürlichen, übersinnlichen Urgrund, da keine (körperliche) Stätte zu ihrer Wohnung ist, und findet nichts, das ihr gleich ist. Darum kann man sie mit nichts vergleichen, denn sie ist tiefer als alle Ich's. Darum ist sie allen Dingen ein Nichts. Und darum, daß sie nichts ist, so ist sie von allen Dingen frei und ist das einig Gute, das man nicht sprechen mag, was es sei. Daß ich aber sagte, er finde alles, wer sie findet, das ist auch wahr. Sie ist aller Dinge Anfang gewesen und beherrscht alles. So du sie findest, so kommst du in den Grund, daraus alle Dinge sind herkommen." (30)

„Wenn ich betrachte, was Gott ist, so sage ich: Er ist das *Eine* gegenüber der Natur als ein ewig Nichts. Er hat weder Grund, Anfang noch Stätte und besitzet nichts, als nur sich selber." (31)

„Man kann nicht von Gott sagen, daß er dies oder das sei, böse oder gut, daß er in sich selber Unterschied habe, denn er ist in sich selber naturlos, sowohl affekt- und kreaturlos. Er hat keine Neiglichkeit zu etwas, denn es ist nichts vor ihm, dazu er sich könnte neigen, weder Böses noch Gutes. Er ist in sich selber der Urgrund ohne eigenen Willen, gegen die Natur und Kreatur als ein ewig Nichts... In ihm ist alles gleich ewig ohne Anfang. Er ist weder Licht noch Finsternis, weder Liebe noch Zorn, sondern das ewig Eine... Er ist weder Dickes noch Dünnes, weder Höhe noch Tiefe, noch Raum oder Zeit, sondern ist durch alles, in allem und dem allen doch ein unfaßliches Nichts." (32)

Wie vor ihm schon die indischen Philosophen, so beschreibt auch Jakob Böhme den eigenschaftslosen Urgrund der Natur durch die Verneinung aller positiven und negativen Eigenschaften, und es gibt eigentlich keine bessere logische Beschreibung des niveaulosen Urgrundes, als eben die Negation von Plus und Minus. Da aber das Resultat dieser Verneinung, das qualitätslose Nichts bzw. die Null von der Naturwissenschaft als physikalisch nicht

erreichbar und folglich als Fiktion betrachtet wird, muß jeder 3dimensional denkende Mensch auch den göttlichen Urgrund des Jakob Böhme für eine Fiktion und den Interpreten dieses quantitativ unfaßlichen Nichts für einen religiösen Schwätzer halten, denn wer etwas beschreibt, das es „wissenschaftlich" gesehen gar nicht gibt, der ist nun mal in den Augen der Naturwissenschaft kein ernst zu nehmender Philosoph. Angesichts dieses Sachverhaltes kann sich ein Mystiker heutzutage nicht mehr darauf beschränken, sein Versenkungserlebnis mitzuteilen, denn seine Aussagen über die Natur und ihre niveaulosen Grundlagen verstoßen nicht nur gegen gewisse Weltanschauungen, wie zu Jakob Böhmes Zeiten; sie verstoßen – und das macht sie besonders suspekt – gegen fundamentale Lehrsätze der Physik. Ein Mystiker, der diesen Tatbestand ignoriert, geht nicht nur das Risiko ein, als Spinner verlacht zu werden, er riskiert darüber hinaus – was tatsächlich eine geistige Herabsetzung wäre! – mit den tumben „Perpetuum-mobile-Erfindern" in einen Topf geworfen zu werden, denn diese „Erfinder" akzeptieren die Erhaltungssätze der Physik gleichfalls nicht, allerdings geschieht das hier aus reiner Besserwisserei, weil sie – trotz gegenteiliger Erfahrungen – nach wie vor davon überzeugt sind, daß der Prozeß des Entstehens und Vergehens in der Natur ein quantitativer, ein Übertragungsvorgang sein müßte.
Der Mystiker von heute muß also an zwei Fronten gegen eingefleischte Vorurteile antreten. Wobei zu hoffen ist, daß wenigstens der Klerus heute nichts mehr gegen seine eigenen, 4dimensional orientierten Mystiker einzuwenden hat. Was das quantitative Weltbild der Naturwissenschaft jedoch betrifft, so ist dies in unserem Jahrhundert zwar hinlänglich durch die Natur selbst widerlegt, da sich dieser Tatbestand aber noch nicht so richtig herumgesprochen hat, muß sich der Mystiker heute nicht so sehr mit den Glaubenssätzen der Kirche, dafür aber um so mehr mit den Glaubenssätzen der Physik auseinanderset-

zen. Das ist inzwischen hinlänglich geschehen, so daß vielleicht eine echte Chance besteht, sowohl den z.T. recht fragwürdigen Behauptungen innerhalb der Esoterik ein Ende zu setzen, als auch einen neuen, einen qualitätsorientierten Anfang im Weltbild der Physik zu provozieren. Unser Einblick in die tiefe Weltweisheit der als Mystiker bezeichneten Philosophen wäre jedoch unzureichend, wenn wir uns zum Abschluß nicht noch mit einem Denker des fernen Ostens beschäftigen würden, der – wie kein anderer – darüber berichtet hat, daß die elementaren Grundlagen der Natur mit den aus der räumlichen Erfahrung bekannten Begriffen nicht zu klären, nicht zu beschreiben sind. Es ist der Verfasser des „Tao Te King", der chinesische Philosoph Lao Tse (395 – 305 v. Chr.).

Lao Tse

Nichts von der tiefen Weltweisheit des großen chinesischen Philosophen Lao Tse wäre auf uns überkommen, wenn nicht ein Grenzwächter – den er auf seiner Flucht vor den Menschen bzw. vor dem Verfall ihrer Sitten an einem Grenzpaß getroffen hat – ihn gebeten hätte, seine Erkenntnissse für ihn aufzuschreiben; so jedenfalls berichtet es die Legende.
Fernab von der buddhistischen Geisteswelt hat er eine Philosophie entwickelt, die in all ihren Konsequenzen – Bescheidenheit der Natur und Kreatur gegenüber – nur im Urbuddhismus ihresgleichen findet. Zwar hat er in seiner Niederschrift das Versenkungserlebnis nicht direkt erwähnt, aber seine Aussagen über den zeitlos ewigen Urgrund der Welt lassen erkennen, daß er diesen aus Erfahrung gekannt haben muß, denn so, wie im nachfolgenden wiedergegeben, kann nur jemand berichten, dessen Erkenntnisse sich auf Versenkung gründen.

„Es gibt ein Sein, unbegreiflich, vollkommen,
das war, bevor Himmel und Erde entstanden sind.
So still! So gestaltlos!

Es allein beharrt und wandelt sich nicht.
Durch alles geht es und gefährdet sich nicht.
Man kann es ansehen als der Welt Mutter.
Ich kenne nicht seinen Namen.
Bezeichne ich es, nenne ich es: Tao.
Bemüht ihm einen Namen zu geben, nenne ich es: Groß.
Als groß nenne ich es: Fortgehen,
als fortgehen nenne ich es: Entfernt,
als entfernt nenne ich es: Zurückkehren.
Des Menschen Richtmaß ist die Erde,
der Erde Richtmaß ist der Kosmos,
das Richtmaß des Kosmos ist Tao,
Taos Richtmaß ist es selbst."
„Man schaut danach und sieht es nicht,
sein Name ist: Ji (d.h. eben bzw. niveaulos sein)
Man horcht danach und hört es nicht,
sein Name ist: Hi (d.h. bis auf das Geringste verteilt sein)
Man faßt danach und greift es nicht,
sein Name ist: Weh (d.h. nichts bzw. verborgen sein)
Diese drei können nicht ausgeforscht werden,
darum werden sie verbunden und sind Eins.
Je und je ist es unnennbar und wendet sich zurück ins Nichtssein, das heißt in des Gestaltlosen Gestalt, des Bildlosen Bild. Das ist ganz unfaßlich!" (34)
„Tao, kann es ausgesprochen werden, ist nicht das ewige Tao.
(nicht das zeitlos-eigenschaftslose Nichts)
Der Name, kann er genannt werden, ist nicht der ewige Name.
Das Namenlose ist des Himmels und der Erde Urgrund.
Das Namen-Habende (das qualitative Sein) ist aller Wesen Mutter.
Darum: Wer stets begierdelos, der schauet seine Geistigkeit,

wer stets Begierden hat, der schauet seine Außenheit.
Diese beiden sind desselben Ausgangs und verschiedenen Namens.
Zusammen heißen sie tief, des Tiefen abermals Tiefes, aller Geistigkeit Pforte." (35)

Auch Lao Tse hat die Fragwürdigkeit einer allein nach außen gerichteten Lebensweise erkannt, wie die letzte Textstelle zeigt. Sie enthält darüber hinaus auch einen Hinweis auf die Versenkung, denn die Aussage, daß die Pforte zur Schau der eigenen Geistigkeit in die tiefste Tiefe führt, kann gar nicht anders gedeutet werden, als eben so, daß der erkenntnisbringende Weg in die eigene Projektion führt. Ein weiterer Hinweis darauf, daß Lao Tse's Erkenntnisquelle die Versenkung war, ist im nächsten Textbeitrag enthalten, in welchem er über „den Gipfel der Entäußerung" spricht:

Wer der Entäußerung Gipfel erreicht hat,
bewahrt unerschütterliche Ruhe.
Alle Wesen miteinander treten hervor,
und ich sehe sie wieder zurückgehen.
Wenn die Wesen sich entwickelt haben,
kehrt jedes zurück in seinen Ursprung.
Zurückgekehrt in den Ursprung heißt: Ruhe.
Ruhe heißt: Zurückkehren zur Bestimmung.
Zurückkehren zur Bestimmung heißt: Ewig-sein.
Das Ewige erkennen heißt: Erleuchtet-sein.
Das Ewige nicht erkennen macht verderbt.
Wer das Ewige erkennt, ist umfassend,
umfassend, daher gerecht,
gerecht, daher in Tao,
in Tao, daher fortdauernd.
Er büßt den Körper ein ohne Gefahr." (36)

Was die nachfolgende Aussage des großen chinesischen Philosophen betrifft, so bleibt zu hoffen, daß sie all jene nachdenklich macht, die zeitlebens auf ihren eigenen Vorteil bedacht sind, und auch die ein wenig zur Selbstkritik veranlaßt, die ihr eigenes Ich bzw. ihr eigenes Selbst für so wichtig und wertvoll erachten, daß sie ihr kurzes Leben damit ausfüllen, nach Geltung anstatt nach Erkenntnis zu streben.

> „Die Welt hat einen Urgrund, der wurde aller Wesen Mutter.
> Hat man seine Mutter gefunden,
> so erkennt man dadurch seine Kindschaft.
> Hat man seine Kindschaft erkannt und
> kehrt zu seiner Mutter zurück,
> so ist man bei des Leibes Untergang ohne Gefahr.
> Schließt man seine Ausgänge
> und macht zu seine Pforten,
> so ist man bei des Leibes Ende ohne Sorge.
> Öffnet man seine Ausgänge und
> fördert seine Geschäfte,
> so ist man bei des Leibes Ende ohne Rettung.
> Das Kleine sehen, heißt erleuchtet sein,
> das Weiche bewahren, heißt stark sein.
> Braucht man sein Leuchten und kehrt zu seinem Licht zurück,
> so verliert man nichts bei des Leibes Zerstörung.
> Das heißt: In das Ewige eingehen.“ (37)

Eines machen die Aussagen des chinesischen Philosophen Lao Tse unverkennbar deutlich: Er hat die Ewigkeit und folglich auch das Woher und Wohin in der Zeit aus Erfahrung gekannt. Wer jedoch nicht in der Lage ist, die Wahrheit über sich selbst durch Versenkung zu erfassen, der kann nicht wissen, jedenfalls nicht aus Erfahrung wissen, was ihn bei des Leibes Ende erwartet. Ein solcher Mensch läuft Gefahr, aus Unkenntnis der 4dimensionalen Zusammenhänge zeitlebens das Falsche zu tun, nämlich der Natur und Kreatur gegenüber Verhaltensweisen anzuwenden, die im Endeffekt ihn selber treffen. Wer also in dieser 4dimensonalen Raum-Zeit-Welt – auch im

Hinblick auf die eigene zukünftige Gegenwartsform – nicht aus Unwissenheit falsch handeln will, der sollte die Verhaltensregeln der Philosophen übernehmen und anwenden, die das zeitliche Ich und den zeitlosen, beseelten Urgrund der Natur aus Erfahrung kannten. Denn: Wer sich ihre Regeln zu eigen macht, lebt – auch wenn er den Sinn nicht selbst erkennen kann – im Sinne des Ganzen, im Sinne von Tao und braucht den Tod nicht zu fürchten. Auch Lao Tse hat – wie schon einige Philosophen vor ihm und einige andere nach ihm – erkannt, daß nur der wirklich sinnvoll lebt, d.h. also Tao hat, der das eigene Ich hintan stellt, was in den folgenden Textstellen sehr anschaulich zum Ausdruck kommt:

> „Teure Kleider anziehen,
> scharfe Schwerter umgürten,
> sich füllen mit Trank und Speisen,
> kostbare Kleinodien haben in Überfluß,
> das heißt mit Diebstahl prahlen,
> wahrlich nicht Tao haben!"
> „Kein größerer Frevel, als Gelüst erlaubt zu nennen.
> Kein größeres Unheil, als Genügen nicht zu kennen.
> Kein größeres Laster, als nach Mehrbesitz
> zu brennen.
> Darum: Wer sich zu genügen weiß, hat ewig genug!"

Denn: Wer im Sinne des Ganzen, im Sinne von Tao lebt:

> „Nicht sich sieht er an, darum leuchtet er.
> Nicht sich ist er recht, darum zeichnet er sich aus.
> Nicht sich rühmt er, darum hat er Verdienst.
> Nicht sich erhebt er, darum ragt er hervor."
> „Er ist stets ein guter Helfer der Menschen,
> darum verläßt er keinen Menschen.
> Er ist stets ein guter Helfer der Geschöpfe,
> darum verläßt er kein Geschöpf!" (38)

Schlußwort

Wir wissen jetzt, warum es dem großen Philosophen Immanuel Kant nicht gelungen ist, die Idee der Seele mit der Vernunft zu beweisen oder zu widerlegen. Seine Vernunft war eine 3dimensionale. Und mit dieser, im europäischen Kulturbereich so vorzüglich und einseitig entwickelten Vernunft ist die Beseeltheit der Natur nicht beweisbar, denn die Seele ist – wie wir inzwischen herausfinden konnten – eine 4dimensionale Existenzform und aus eben diesem Grunde nur mit der 4dimensionalen Vernunft beweisbar.
Und weil die Seele –wie alle Qualitäten– eine 4dimensionale Größe ist, liegt ihr Plus/Minus-Niveau in der Projektion aller räumlichen Erscheinungsformen, d.h. also in der uns räumlich nicht erfaßbaren Zeit-Dimension. Deshalb sind alle qualitativen Folgen unserer zeitlichen Existenz, die Auswirkungen unserer positiven und negativen Handlungen auf das eigene Ego keine für uns körperlich wahrnehmbaren Vorgänge, denn sie werden nicht räumlich, sie werden in unserer Zeitprojektion registriert. Wer also glaubt, daß seine Übeltaten an Mensch, Natur und Kreatur keine Folgen für sein Egozentrum hätten, weil er die Folgen nicht wahrnimmt, sie nicht sofort am eigenen Leibe verspürt, der irrt, denn die universale Gerechtigkeit ist kein 3dimensionaler, kein räumlich-körperlich feststellbarer Vorgang. Lohn und Strafe, die Folgen der Gerechtigkeit sind – wie Plus und Minus – qualitative Größen und aus eben diesem Grunde in der Zeitprojektion stattfindende Prozesse. Die *innere Qualität,* die guten oder schlechten Eigenschaften, die ein Lebewesen im Verlaufe seiner zeitlichen Existenz entwickelt, sind ausschlaggebend für die Gerechtigkeit, die ihm in der Zeitprojektion widerfährt. Und weil Unwissenheit in einer 4dimensionalen Welt nicht vor Strafe schützt, wird auch

der „fromme“ Muselmann im Jenseits – d.h. also in der räumlich nicht wahrnehmbaren, 4ten Richtung der Welt für Mord und Totschlag nicht mit paradiesischen Freuden belohnt. Dies zu wissen, ist in einer Zeit, in welcher der Monotheismus wieder einmal seine übelsten Seiten zeigt, für jeden Pantheisten eine Genugtuung am Rande. Schließlich kann eines nicht geleugnet werden: In einer 4dimensionalen Welt ist das Jenseits eine Realität, denn was in der 4ten Richtung der Welt und also jenseits der räumlichen Wahrnehmbarkeit geschieht, das geschieht im Jenseits! und das heißt – wenn wir die christlichen Mystiker beim Wort nehmen – in Gott! Wenn nämlich da, wo die Seele wohnt, Gott wohnt, wenn also der Seelenbereich in der Projektion aller 3 räumlichen Richtungen der Bereich Gottes ist – wie in der Mystik behauptet –, dann ist auch die Idee Gottes mit der 4dimensionalen Vernunft beweisbar, nämlich als eine in der 4ten Richtung der Welt wirksame Existenzgröße.
Das heißt natürlich nicht, daß der beweisbare Gott jener persönliche Gott ist, den 3dimensional denkende Religionsstifter zur Durchsetzung von Recht und Ordnung seinerzeit erfunden haben, denn ihr Gott straft ja bekanntlich nach quantitativen Grundsätzen, nämlich Aug um Auge, Zahn um Zahn. Nur einer innerhalb der monotheistisch orientierten Glaubensgemeinschaft hat – wie die christlichen Mystiker nach ihm auch – erkannt, daß der wahre Gott ein anderer sein muß, als der in der jüdischen Geschichte postulierte, und ist dafür gekreuzigt worden! Denn ein Gott, der fordert: „Liebe deinen Nächsten wie dich selbst; tue Gutes auch denen, die dich verfolgen; liebe deine Feinde!“das kann nicht der gleiche Gott sein, wie jener, der den jüdischen Propheten sein „Aug um Auge, Zahn um Zahn“-Konzept diktiert hat; das muß ein anderer Gott sein! Wenn der Nazarener dann noch – neben der im Urbuddhismus allgemein üblichen Forderung nach Mitgefühl und einer alles verzeihenden Liebe – seinen Gott mit den Worten zitiert: „Was du ei-

nem meiner Geringsten tust, das hast du mir getan" wird die Vermutung, daß diesem Ausspruch die Erkenntnis einer allumfassenden Weltseele – das Brahman des Urbuddhismus – zugrunde liegen könnte, fast zur Gewißheit. Bedenken wir darüber hinaus, daß im europäischen Kulturbereich ein Mystiker, der sich – wie seinerzeit Jesus – darauf beruft, die Wahrheit über die Welt zu kennen, auch heute noch – wie eh und je – von jedem Besserwisser die Pilatus-Antwort erhält: „Was ist Wahrheit?!", dann ist nicht mehr auszuschließen, daß dieser Jesus von Nazareth deshalb ein Abweichler vom mosaischen Glauben war, weil er die Wahrheit über die Welt tatsächlich aus Erfahrung gekannt hat, weil er also ein Mystiker und demzufolge ein Pantheist war.
Wenn Jesus tatsächlich ein Mystiker war – was eine Reihe weiterer Bibelstellen durchaus wahrscheinlich macht –, dann ist es ihm nicht anders ergangen als den europäischen Mystikern nach ihm auch. Wie sie hat auch er nach Begriffen suchen müssen, die außerhalb der räumlichen Wahrnehmbarkeit lagen und folglich nur in der Religion zu finden waren, um das in der Zeitprojektion Erfahrene einigermaßen plausibel zu machen. Die Religion aber, die er vorfand, war ein so streng dogmatisierter, gänzlich unflexibler Monotheismus, wie er heute nur noch im Islam zu finden ist. Daß dies zu erheblichen Verwicklungen, Mißverständnissen und Fehlinterpretationen führen mußte, liegt auf der Hand, denn Monotheismus und Pantheismus lassen sich logisch ebenso wenig unter einen Hut bringen, wie das 3dimensionale und 4dimensionale Weltbild, wie Quantität und Qualität! Ungereimtheiten und Widersprüchlichkeiten waren demzufolge vorprogrammiert. Wundern wir uns also nicht, daß das Christentum eine Mischung aus anscheinend monotheistischen und anscheinend pantheistischen Gedankengängen ist. Diese Vieldeutigkeit aber ist nur scheinbar ein Manko, denn das von den nachfolgenden Mystikern in ganz besonderem Maße pantheistisch ausgestaltete Christen-

tum hat einen wesentlichen Vorteil gegenüber den streng monotheistisch ausgerichteten Religionen mosaischer Prägung: Es kann sich – ohne allzu großen Gesichtsverlust – dem Pantheismus gänzlich öffnen. Was auch dringend notwendig ist, wenn es seine Glaubwürdigkeit nicht völlig aufs Spiel setzen will. Daß unsere Welt eine 4dimensionale Raum-Zeit-Welt ist, davon war schon einer der ersten Kirchenväter, der heilige Augustinus, überzeugt. Was also hindert die Kirche daran, ihre museale Weltvorstellung zu revidieren, um sich einer universalen, einer 4dimensionalen Weltsicht zu öffnen?

Anhang

1*)

Der Entropiesatz ist der 2. Hauptsatz der Wärmelehre. Er besagt, daß es bei Übertragungsprozessen innerhalb eines molekularen Systems nicht möglich ist, die Energie insgesamt zu erhalten bzw. daß der Teil der Energie, der bei den Übertragungsprozessen in Wärme umgewandelt wird, unaufhaltsam in die Umgebung abfließt. Und da dieser Vorgang – der Abfluß von Wärme-Energie also (die Wärmeverteilung erfolgt immer vom wärmeren zum kälteren Niveau hin und niemals umgekehrt) – nicht umkehrbar ist, erfährt die Energie im Kosmos auf lange Zeit gesehen eine derartige Verteilung, daß jede Bewegung – schließlich ist Wärme eine Bewegungsenergie – aufhört. Womit der Bewegungs- bzw. Kältetod aller Materie erreicht wäre, wenn der 2. Hauptsatz der Wärmelehre auf alle Wärmeprozesse in der Natur anwendbar wäre. Aber er ist – ebenso wie der 1. Hauptsatz, der Satz von der zeitlos ewigen Erhaltung der Energie (wie in meinem Buch „Kritik des quantitativen Weltbildes" aufgezeigt) – nur auf quantitative Zu- und Abnahmeprozesse anwendbar, da er sich ausschließlich auf die Kenntnis des Verhaltens einer Wärme*menge* und also nur auf die Kenntnis des Verhaltens einer Quantität stützt. Auf das Verhalten einer Qualität an sich – nämlich auf elementare Eigenschaftsänderungen – sind beide Sätze nicht anwendbar, jedenfalls dann nicht, wenn wir uns an die Grundsätze der Logik halten, denn diese erlaubt keinen Schluß von der Quantität auf die Qualität. Deshalb ist der Anspruch auf Fundamentalität, der im Entropiesatz erhoben wird – nämlich eine für alle Energievorgänge gültige Aussage zu sein – nicht haltbar.

2*)

Lorentz-Transformationen:

$$x' = \frac{x - vt}{\sqrt{1 - (v^2/c^2)}}$$

$$t' = \frac{t - (v/c^2)\,x}{\sqrt{1 - (v^2/c^2)}}$$

Einstein'sche Massegleichung:

$$m = \frac{m_o}{\sqrt{1 - v^2/c^2}}$$

Quellenverzeichnis

(1)	Richard Harder „Plotin" Fischer Bücherei, Frankfurt 1958
(2)	Paul Deussen „Allgemeine Geschichte der Philosophie mit besonderer Berücksichtigung der Religionen", Leipzig 1906
(3)	Paul Deussen „Allgemeine Geschichte der Philosophie", Brihadaranyaka-Upanischad
(4)	Helmut v. Glasenapp „Die Philosophie der Inder", Stuttgart 1949
(5)	Paul Deussen „Allgemeine Geschichte der Philosophie", Brihadaranyaka-Upanischad
(6)	K. Seidenstücker „Pali-Buddhismus" in Übersetzungen 1923, Anguttara-Nikaya
(7) + (8)	D. T. Suzuki, Essays in Zen Buddhismus, 1927 Auswahl in deutscher Übersetzung von H. Zimmer „Die große Befreiung"
(9) – (13)	Richard Harder „Plotin" Enneade – das Eine –, Fischer 1958
(14) + (15)	Richard Harder „Plotin" Enneade – Die Seele –, Fischer 1958
(16)	Joseph Bernhart „Augustinus – Gottesstaat", 11. Buch
(17)	Hermann Hefele „Augustinus – Bekenntnisse", 7. Buch
(18)	Hermann Hefele „Augustinus – Bekenntnisse", Einleitung
(19) – (26)	Emil K. Pohl „Meister Eckehart – von der Geburt der Seele", Verlag Mohn & Co., Gütersloh
(27)	W. E. Peuckert, herausg. sämtl. Schriften „Jakob Böhme – Aurora od. d. Morgenröte im Aufgang", Stuttgart 1955/1961
(28) – (30)	Gerhard Wehr „Jakob Böhme – Vom übersinnlichen Leben", Ogham Verlag, Stuttgart 1986
(31)	Gerhard Wehr „Jakob Böhme – Mysterium magnum", Aurum Verlag, Freiburg 1978

(32) Gerhard Wehr „Jakob Böhme – Von der Gnadenwahl",Aurum Verlag

(33) – (38) Victor v. Strauss, Übersetzung des „TAO TE KING Lao Tse", neu bearbeitet von W. Y. Tonn, Manesse Verlag, Concett & Huber, Zürich/Schweiz